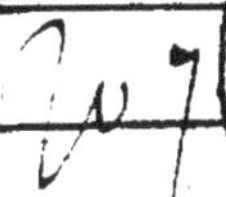

INSTRUCTION ET EXERCICES

SUR LE

SYSTÈME MÉTRIQUE,

A L'USAGE DES INSTITUTEURS DES ÉCOLES PRIMAIRES DU DÉPARTEMENT DES BASSES-PYRÉNÉES,

ET DE TOUS LES HABITANS DE CE DÉPARTEMENT,

Qui, pour leur Commerce, doivent faire usage de Poids et Mesures;

SUIVIS

DE LA LOI DU 4 JUILLET 1837,

ET D'UN TABLEAU DES MESURES LÉGALES.

PAR M. V....

IMPRIMERIE-LIBRAIRIE DE VERONESE.

RUE BAYARD. — 1839.

INSTRUCTION
ET EXERCICES
SUR LE
SYSTÈME MÉTRIQUE.

NOTE DE L'ÉDITEUR.

Chaque province, chaque ville, chaque village, avait autrefois en France des mesures et des poids qui leur étaient particuliers ; ce fut une grande pensée que celle d'entreprendre de mettre fin à cette confusion de mots et de choses dans les instrumens de commerce qui exigent le plus de concordance et de simplicité, et l'Assemblée Constituante la réalisa en rendant la loi du 18 germinal an III qui prescrivait pour toute la France le même système de poids et de mesures.

Cependant un décret du 12 février 1812 permit, comme mesure transitoire, que le système métrique empruntât quelques dénominations aux anciennes mesures : le double mètre se nomma *toise* et se divisa en 6 pieds ; une mesure égale à 12 décimètres prit le nom d'*aune ;* le huitième de l'hectolitre fut appelé *boisseau;* le demi-kilogramme (500 grammes) reçut le nom de *livre*, que fut divisée en 16 onces ; l'once fut divisée en 8 gros, et le gros en 72 grains.

Ce mélange de mesures métriques et de dénominations anciennes, avait de graves inconvéniens. La loi du 4 juillet 1837 a pour objet de les faire disparaître, et d'établir dans le poids et dans la mesure une uniformité désirée depuis si long-temps, car c'est de l'uniformité que dépend la garantie des intérêts matériels.

A dater du 1er janvier 1840 les poids et mesures du système métrique, établis par les lois du 18 germinal an III et 19 frimaire an VIII, vont être remis exclusivement en vigueur. Cette loi va nécessairement apporter dans le commerce un changement considérable, il importe donc à chacun de ne pas ignorer le système métrique, sans la connaissance duquel les marchands, négocians, etc., et les fonctionnaires chargés spécialement de l'exécution des lois s'exposeraient à des contraventions que la loi précitée réprime très-sévèrement.

Un grand nombre de traités sur le système métrique ont été publiés, et chaque jour il en paraît de nouveaux; mais tous parlent du système d'une manière générale, tandis que c'est un travail fait tout exprès pour les Basses-Pyrénées que nous éditons. L'un des membres les plus actifs du Comité d'instruction de Pau, celui qui, sans contredit, rend à la jeunesse studieuse des écoles primaires du département les services les plus importans, a bien voulu nous donner le fruit de quelques instans de ses loisirs; et si nous n'avons pu obtenir de ses habitudes de modestie la permission d'attacher son nom à ce petit ouvrage, nous avons la conviction du moins qu'en lisant ces instructions rendues si claires, si précises, si faciles à comprendre, il sera deviné par tous, et que chacun lui rendra ce tribut de reconnaissance qui est sa seule ambition.

VERONESE,

Vérificateur des Poids et Mesures.

INSTRUCTION

ET EXERCICES

SUR LE SYSTÈME MÉTRIQUE,

A L'USAGE DES INSTITUTEURS ET DES ÉCOLES PRIMAIRES DU DÉPARTEMENT DES BASSES-PYRÉNÉES, ET DE TOUS LES HABITANS DE CE DÉPARTEMENT QUI, POUR LEUR COMMERCE, DOIVENT FAIRE USAGE DES NOUVEAUX POIDS ET MESURES; SUIVIS DE LA LOI DU 4 JUILLET 1837, ET D'UN TABLEAU DES MESURES LÉGALES,

PAR M. V....

Le système des nouvelles mesures adopté en France est d'une telle simplicité, qu'il suffit de quelques heures à une personne intelligente pour le comprendre parfaitement. Il faut seulement retenir treize mots principaux, avec la signification de chacun, et se souvenir que les multiples d'une nouvelle mesure quelconque sont *dix fois*, *cent fois*, *mille fois*, *dix mille fois plus grands* que cette mesure, tandis que les sous-multiples sont *dix fois*, *cent fois*, *mille fois plus petits*. Ainsi les multiples et les subdivisions des mesures nouvelles suivent la même loi que la numération décimale.

Les noms principaux des nouvelles mesures sont le *Mètre*, l'*Are*, le *Stère*, le *Litre*, le *Gramme* et le *Franc*.

Nous expliquerons bientôt en quoi consistent ces mesures et comment elles sont liées entre elles.

Pour former les noms des multiples de l'une quelconque des nouvelles mesure, on a emprunté à la langue grecque, en les altérant un peu, les quatre mots suivans :

DÉCA, HECTO, KILO, MYRIA,

qu'il faut d'abord graver dans sa mémoire, en conservant l'ordre ci-dessus ; et, dans cet objet, on les répètera tout haut un certain nombre de fois, comme s'ils ne formaient qu'un seul mot *déca-hecto-kilo-myria*. Cet exercice suffira pour qu'on ne les oublie plus. Quant à la signification de ces mots,

DÉCA signifie	Dix	ou dix fois,.....	10;
HECTO,.......	Cent,	cent fois,....	100;
KILO,.........	Mille,	mille fois,...	1000;
MYRIA,.......	Dix mille,	dix mille fois,	10,000.

Pour former les noms des sous-multiples, c'est-à-dire des subdivisions d'une nouvelle mesure, on se sert des mots latins, un peu altérés, *déci*, *centi*, *milli*, qu'il est facile de retenir, et dont la signification est la suivante :

DÉCI signifie	Dixième ou	la dixième partie,	$\frac{1}{10}$ ou 0,1 ;
CENTI,........	Centième,	la centième partie,	$\frac{1}{100}$ ou 0,01 ;
MILLI,........	Millième,	la millième partie,	$\frac{1}{1000}$ ou 0,001

Tels sont les treize mots au moyen desquels on a formé toute la nomenclature (tous les noms) du système métrique. On a composé les noms des multiples du *mètre*, par exemple, en mettant successivement devant le mot *mètre* les mots *déca*, *hecto*, *kilo*, *myria*, de manière à ne former qu'un seul mot pour chacun; et l'on a eu ainsi

le DÉCAMÈTRE, qui est une longueur ou une mesure de *dix mètres;*
l'HECTOMÈTRE, qui est une longueur de...... ... *cent mètres;*
le KILOMÈTRE, qui est une longueur ou une distance de *mille mètres;*
et le MYRIAMÈTRE, qui est une longueur ou une dist. de *dix mille mètr.*

On a de même formé les noms des sous-multiples ou des subdivisions du mètre en mettant les mots *déci*, *centi*, *milli*, devant le mot principal, et il en est résulté :

le DÉCIMÈTRE, qui est la *dixième partie* du mètre;
le CENTIMÈTRE, qui est la *centième partie* du mètre;
et le MILLIMÈTRE, qui est la *millième partie* du mètre.

Prenons, pour second exemple, le *litre*, qui est une mesure de capacité pour les liquides et pour les grains, et que nous ferons mieux connaître plus loin. Les quatre termes qui servent à former les multiples, nous donneront les noms suivants :

le DÉCALITRE, qui vaut *dix litres;*
l'HECTOLITRE, qui vaut *cent litres;*
le KILOLITRE, qui vaut *mille litres;*
et le MYRIALITRE, qui vaut *dix mille litres.*

Puis les termes qui désignent les sous-multiples, nous fourniront les trois noms des subdivisions du litre, qui sont :

le DÉCILITRE, ou la *dixième partie* du litre;
le CENTILITRE, ou le *centième* du litre;
et le MILLILITRE, ou le *millième* du litre.

Pareillement les termes propres à composer les noms des multiples ou des sous-multiples, étant mis devant le mot *gramme*, qui est le nom de la nouvelle unité de poids, fourniront les noms *décagramme*, *hectogramme*, *kilogramme* et *myriagramme*, qui signifient respectivement *dix grammes*, *cent grammes*, *mille grammes*, *dix mille grammes;* et les noms *décigramme*, *centigramme*, *milligramme*, qui ont pour signification *dixième partie*, *centième partie*, *millième partie du gramme.*

La nomenclature des multiples ou des sous-multiples de l'are, du stère et du franc, présente des restrictions ou des exceptions que nous ferons connaître en parlant de chacune de ces mesures. Toutefois la progression décimale y est également observée; et cette application constante de la loi d'après laquelle on a établi la numération ordinaire, y compris les décimales, est une des raisons qui permettent de donner le nom de *système* à l'ensemble des nouvelles mesures. Un système est, en général, un certain assemblage soumis à des lois.

Cette qualification de *système*, donnée aux mesures métriques, tient à une autre raison non moins importante que la première et qu'il est essentiel de connaître. C'est même dans les faits qui vont être immédiatement exposés, que consiste surtout la connaissance du système métrique.

Toutes les nouvelles mesures dépendent les unes des autres; en sorte que si elles s'altéraient ou se perdaient par la suite, à l'exception d'une seule, la mesure conservée pourrait servir à retrouver celles qu'on aurait perdues. Pour parler plus exactement, on a, d'après certaines considérations, arrêté d'abord une mesure principale de longueur, qui a été nommée le *mètre*, puis on a déduit du mètre toutes les autres mesures. Nous avons donc à expliquer ce que c'est que le *mètre*, et comment l'*are*, le *stère*, le *litre*, le *gramme* et le *franc* dérivent de cette mesure fondamentale.

Détermination du Mètre.

Il importe peu aux personnes qui ont à faire usage du mètre, de savoir comment il a été déterminé. C'est pourquoi nous éviterons d'entrer ici dans de trop grands détails scientifiques, par la raison qu'ils seraient à-peu-près inutiles, et que des lecteurs pourraient s'imaginer mal-à-propos que, s'ils ne les comprennent pas, ils ne savent pas le système métrique. Nous dirons donc seulement que le mètre n'a pas été pris arbitrairement, mais qu'on a cherché à le faire dépendre d'une étendue invariable; que, dans cet objet, on a mesuré avec la toise (ancienne mesure), et au moyen d'opérations géométriques, le tour de la terre ou la longueur développée d'un cercle méridien (1); que le tour de la terre par les pôles a été trouvé de 20,522,960 toises; que le quart de cette longueur, ou la distance de l'équateur à l'un des deux pôles, est par conséquent de 5,130,740 toises; et que la *dix-millionnième partie* de cette dernière distance a paru devoir former une mesure commode, portative, propre à remplacer l'aune, la canne, la toise, etc., tandis qu'une mesure dix fois plus grande ou dix fois plus petite n'aurait eu aucun de ces avantages et n'aurait pas été facilement acceptée comme

---

(1) Il eût été évidemment impossible de parcourir et de mesurer directement tout le méridien; aussi n'en a-t-on mesuré qu'une petite partie, mais assez étendue cependant pour pouvoir en conclure la longueur exacte du méridien entier. De plus amples explications exigeraient ces détails scientifiques, que nous croyons seulement propres à effrayer un grand nombre de lecteurs.

fondamentale; qu'en conséquence, le *mètre est la dix-millionnième partie du quart du méridien terrestre*, et qu'il vaut en toise ancienne 0 toise, 513074; fraction décimale dont il ne faut prendre que la partie 0 toise, 513 pour les usages ordinaires.

Si donc on perdait un jour toutes les mesures nouvelles, sans exception, on n'aurait qu'à mesurer encore une fois le quart du méridien, en se servant d'une mesure quelconque, dont la longueur serait bien arrêtée, et la dix-millionnième partie de la distance qu'on obtiendrait, ferait retrouver le mètre et toutes les mesures qui en dépendent.

En réalité, on n'aurait pas besoin de prendre cette peine, car les savans ont déterminé avec beaucoup de précision la longueur, en parties du mètre, du pendule simple qui bat les secondes dans le vide. Cette longueur est de 0^{m}, $994^{m.n}$ à très-peu de chose près, à l'Observatoire de Paris : elle ne diffère que de 6 millimètres en moins de la longueur du mètre. Ainsi, tant que la différence restera connue, on pourra toujours retrouver la longueur du mètre, au moyen d'un pendule. Il semble même qu'on aurait dû prendre la longueur du pendule pour base du système métrique ; mais cette longueur varie avec la latitude, et l'on n'est pas même assuré qu'elle reste constante pour le même lieu.

Usage du mètre et de ses multiples, et rapports très-approchés de ces nouvelles mesures avec les anciennes mesures qu'elles remplacent, dans le département des Basses-Pyrénées.

Le mètre et ses subdivisions servent à mesurer des

longueurs peu étendues, des largeurs, des hauteurs, des profondeurs, des épaisseurs, des parties d'édifices, des dimensions de maçonnerie, de charpente, de menuiserie, de ferrure et en général de tous les ouvrages d'arts ou de métiers. Il est moindre que l'aune moyenne du département; car 6 aunes moyennes font 7 mètres. Nous donnerons tout-à-l'heure des rapports plus approchés pour chaque localité, attendu que le mètre doit remplacer entièrement l'aune, la canne, la toise, etc., dont il ne peut plus être question, ni dans les transactions commerciales, ni ailleurs.

On fabrique des chaînes ou des rubans de dix mètres de longueur, que l'on nomme *décamètres*, et dont les ingénieurs, les architectes et les arpenteurs font un usage continuel. Quand ces chaînes ou ces rubans ont vingt mètres de longueur, on les nomme *doubles-décamètres*. Les rubans se nomment aussi *roulettes*.

On emploie encore des *doubles-mètres*, divisés en décimètres et en centimètres, pour mesurer de petites étendues, et des *doubles-décimètres*, divisés en centimètres et en millimètres, pour servir d'échelles.

Nous ferons observer, en passant, que des mesures de plusieurs mètres de longueur, prises avec un seul mètre ou avec un seul double-mètre, sont toujours inexactes. Quand on veut mesurer avec soin une ligne de quelque étendue, deux personnes *ayant chacune un double-mètre*, le posent *bout contre bout* et alternativement, dans la direction et d'une extrémité à l'autre de la ligne à mesurer. Les deux personnes passent ainsi tour à tour l'une devant l'autre. Celle qui est derrière, tient sa mesure bien fixe, et ne la dérange, pour l'enlever et la porter en avant, qu'après avoir été avertie que l'autre mesure est posée bout contre bout, alignée et tenue fixement à son tour. Les extrémités des doubles-mètres devant toujours se toucher, aucune erreur n'est possible, si l'on ne dérange pas la mesure qui attend la pose de la suivante.

L'hectomètre est une mesure ou dénomination peu employée : l'usage le plus commun est de compter par mètres, depuis un mètre jusqu'à mille mètres et davantage. On dira, par exemple, que la montagne la plus élevée de la terre (dans le Thibet) a 7820 mètres de hauteur.

Le *kilomètre* sert pour l'évaluation des distances entre des communes peu éloignées les unes des autres. *Quatre kilomètres* font *une lieue de poste* ou *huit kilomètres* font *une poste.*

On évalue en *myriamètres* les distances entre les points éloignés. Ainsi on dira que la distance de Pau à Paris est de 79 Myriamètres ; que la distance de la terre au soleil est de 15 millions de myriamètres, et que la distance moyenne de la terre à la lune n'est que de 38000 myriamètres.

Du centre de Pau au centre d'Orthez, il y a exactement quatre myriamètres ; et, comme on compte six lieues de Béarn entre ces deux points, il s'ensuit que :

3 *lieues des Basses-Pyrénées* font 2 *myriamètres.*

La lieue géographique ou lieue commune de France que l'on employait précédemment, est la *vingt-cinquième* partie d'un degré moyen du méridien terrestre, le cercle entier étant supposé divisé en 360 degrés. Puisqu'il y a 25 de ces lieues dans un degré, le tour entier de la terre est de 9000 lieues communes ; et, comme il est aussi de 4000 myriamètres, on en conlura que :

9 *lieues de 25 au degré* font 4 *myriamètres exactement.*

Les lieues marines étaient plus longues, car on n'en comptait que 20 dans un degré. Le tour de la terre est donc de 7200 lieues marines; et, puisque 7200 lieues marines forment la même étendue que 4000 myriamètres, il en résulte que :

9 *lieues marines ou de 20 au degré* font 5 *myriamètres exactement.*

Pour abréger, nous donnons, sans entrer dans aucun détail, les rapports très-approchés qui suivent :

1 mètre	vaut	0 toise, 513	
9 mètres	valent	27 pieds, 706	exactement.
1 toise	vaut	1^{m}, 949	
4 pieds	valent	1^{m}, 3^{d}	
41 pouces	valent	111 centimètres.	
17 pouces	valent	46 centimètres.	
133 lignes	valent	3 décimètres.	
43 lignes	valent	97 millimètres presque exactem^{t}.	

CANNES.

7 cannes de Pau, de Morlàas et de Bayonne	valent 13 mètres ;
20 cannes de Lembeye	valent 37 mètres ;
23 cannes d'Arudy	valent 43 mètres ;
17 cannes de Lagor	valent 32 mètres ;
9 cannes de Sauveterre	valent 17 mètres ;

AUNES.

14 aunes de Bayonne et de St-Jean-de-Luz valent 17 mètres ;

41 aunes d'Arthez font 49 mètres.

ou, moins exactement, 5 aunes valent 6 mètres.

36 aunes de Labastide-Clairence valent 43 mètres,

ou, moins exactement, 5 aunes valent 6 mètres.

26 aunes de Mauléon valent trés-approximativement	31 métres.
21 aunes d'Arzac valent presque exactement	25 métres.
38 aunes d'Orthez valent	45 métres.
29 aunes de Monein valent	34 métres.
6 aunes d'Oloron valent	7 mètres.
37 aunes de Nay et de Conchez valent	43 mètres,
ou, moins exactement, 6 aunes valent 7 mètres.	
13 aunes de Navarreins valent	15 métres.
26 aunes de Salies font	29 mètres.
35 aunes de St-Jean-Pied-de-Port font	39 métres.
25 aunes de Pau, de Lescar, de Pontacq, de Garlin, d'Arudy valent	29 mètres,
ou, moins exactement, 6 aunes font 7 mètres.	

Du Mètre carré et de ses subdivisions.

Le mètre carré est une surface de forme carrée, dont chaque côté a un mètre de longueur. Cette mesure sert à l'évaluation des surfaces d'une médiocre étendue, comme les parois des murs qu'on veut blanchir, peindre, recrépir ou tapisser; les paremens des pierres de taille, les faces des bois à peindre à l'huile, les planchers, les parquets, les aires, les ouvrages en pavé, en carrelage, etc.

Un décimètre carré est un carré qui a un décimètre de côté; et de même un *centimètre carré* est un carré dont chaque côté n'a qu'un centimètre de longueur; enfin un *millimètre carré* est un carré d'un millimètre de côté.

Il y a *cent décimètres carrés* dans un *mètre carré;* car si l'on met bout à bout dix de ces décimètres, il en résultera une bande, qui aura bien un mètre de longueur, mais seulement un décimètre de largeur, et par conséquent une pareille bande ne sera que le dixième d'un *mètre carré.* Il faudra donc en tout dix bandes semblables, pour former ou couvrir le mètre carré ; et dix bandes, contenant dix *décimètres carrés* chacune, contiendront ensemble 100 *décimètres carrés.*

On prouvera de même qu'il y a 100 centimètres carrés dans un *décimètre carré ;* car une rangée de dix de ces centimètres mis bout à bout, ne forme qu'une petite bande d'un décimètre de longueur et d'un centimètre seulement de largeur ; et il faut dix bandes semblables pour couvrir l'étendue totale d'un décimètre carré.

Le même raisonnement ferait conclure également, qu'il y a 100 *millimètres carrés* dans un *centimètre carré.*

Ainsi le *mètre carré* se subdivise en 100 *décimètres carrés ;* le décimètre carré en 100 centimètres carrés, et le centimètre carré en 100 millimètres carrés. Un *mètre carré* contient par conséquent 100 *décimètres carrés,* 10,000 *centimètres carrés*, et un million de *millimètres carrés.*

Il y a donc une grande différence entre un *décimètre carré* et un dixième de mètre carré ; car, lorsqu'il s'agit de surfaces, le décimètre n'est plus que la *centième* partie du mètre ; tandis qu'un dixième de mètre carré équivaut à une bande d'un mètre de longueur et d'un décimètre de largeur, et cette bande contient dix décimètres carrés.

On remarquera également que le centième du mètre carré est bien plus considérable que le *centimètre carré ;* car ce dernier n'est que la *dix-millième partie* du mètre carré.

Enfin le *millième* d'un mètre carré est *mille fois plus grand* qu'un *millimètre carré.*

Puisque le décimètre carré est le centième du mètre

carré, que le centimètre carré est la dix-millième partie de la même unité principale de surface, et que le millimètre carré en est le millionième, il faudra, après la virgule, deux chiffres décimaux pour exprimer des décimètres carrés, quatre chiffres pour exprimer des centimètres carrés, et six pour écrire des millimètres carrés. Si l'on veut, par exemple, écrire en chiffres *trois mètres carrés, sept décimètres carrés* et *neuf centimètres carrés*, on mettra 3.^{mc}.,07 09; ce qu'on lirait également bien en disant : *trois mètres carrés, sept cent neuf centimètres carrés.* Pour écrire *huit millimètres carrés*, le mètre carré étant l'unité, on posera 0^{m}.^{c}., 00 00 08.

De l'ARE et des autres mesures agraires qui en dérivent.

L'ARE est une surface carrée qui a *dix* mètres de côté. Cette mesure et celles qui en sont formées, servent à l'évaluation de la superficie des champs; c'est pourquoi on les nomme *mesures agraires.*

Si l'on posait les uns à la suite des autres dix mètres carrés sur une même ligne, on formerait une bande, qui aurait dix mètres de longueur et un mètre seulement de largeur. Dix bandes semblables, mises les unes à côté des autres, couvriraient une surface de dix mètres de longueur sur dix mètres de largeur; ce qui est précisément un are. Or, dix bandes de dix mètres carrés chacune font *cent mètres carrés.* Donc l'*are* contient 100 *mètres carrés*, ou bien le mètre carré est la centième partie de l'are.

Conformément à la nomenclature établie, la centième partie de l'are prend le nom de *centiare.* Donc le *centiare* est la même chose que le *mètre carré.*

Maintenant, avec dix ares, nous pouvons, au moins par la pensée, former une bande qui aura 100 mètres de longueur sur 10 mètres de largeur ; et, avec dix bandes semblables, former un nouveau carré qui aura 100 *mètres* de côté. Ce carré contiendra évidemment *cent ares ;* et, d'après le système de nomenclature, il devait être nommé *hectoare;* mais, pour rendre ce nom plus agréable à l'oreille, on a mieux aimé dire *hectare.* Un *hectare* est donc une surface carrée qui a *cent* mètres de côté. Il se subdivise en 100 ares, et chaque are en 100 centiares; de sorte que l'hectare contient *dix mille* centiares ou mètres carrés.

Nous conclurons de ce qui précède, comme nous l'avons fait en parlant des subdivisions du mètre carré, que, lorsqu'on prend l'hectare pour unité principale, les deux premiers chiffres décimaux qui viennent après la virgule expriment des dixaines et des unités d'ares, et les deux chiffres suivans, des dixaines et des unités de centiares. Ainsi, pour écrire *cinq hectares, huit ares* et *six centiares*, on mettra 5 hect., 08 a. 06 c.; ce qu'on peut également bien lire en disant : *cinq hectares, huit cent six centiares.* Pour écrire un *hectare, quatre-vingt-dix-sept centiares*, on posera 1 h. 00 a. 97 c., en mettant deux zéros pour remplir la tranche des ares.

L'*hectare*, l'*are* et le *centiare* sont les seules unités agraires en usage. On ne se sert pas des termes *kilare*, *décare*, *déciare*, parce que les surfaces que ces mots indiqueraient, ne seraient convenablement représentées que sous la forme de bandes, ayant dix fois plus de longueur que de largeur. On ne peut pas arranger dix carrés égaux de manière à en former un seul grand carré.

On n'a pas besoin, dans l'arpentage ordinaire, de

compter par *myriares*, parce qu'une telle mesure aurait une trop grande étendue; mais on l'emploie dans des calculs de statistique, ainsi qu'en topographie et en géographie. Le *myriare*, que l'on nomme aussi *kilomètre carré*, est un carré qui a 1000 mètres de côté, et qui vaut par conséquent *cent* hectares.

Dans les grandes évaluations géographiques, on emploie encore le *myriamètre carré*, lequel est un carré dont chaque côté a *dix mille* mètres de longueur. Il vaut par conséquent *cent* myriares.

Nous allons récapituler en peu de mots ce qui concerne la subdivision des mesures de surface.

Le *myriamètre carré*	contient	100 myriares.
Le *myriare*, (kil. carré)	contient	100 hectares.
L'*hectare*, (hectom. carré)	contient	100 ares.
L'*are*, (décamètre carré)	contient	100 centiares ou mètres carrés.
Le *centiare* ou *mètre carré*	contient	100 décimètres carrés.
Le *décimètre carré*	contient	100 centimètres carrés.
Le *centimètre carré*	contient	100 millimètres carrés.

Voici maintenant des rapports très-approchés des anciens arpens comparés à l'are.

Un arpent de Béarn contient très-approximativement 38 ares.

Cet arpent vaut exactement 1000 toises carrées en mesure ancienne; d'où il suit que s'il est pris sous la forme d'un carré, chaque côté de ce carré aura 31 toises, 3 pieds, 9 pouces, ou 2277 pouces de longueur, à moins de 2 lignes près. D'autre part, l'arpent se divisait en 144 escats (il y en avait ainsi 12 le long d'un côté), et chaque escat était un carré de 22 *empans* de côté. L'arpent de Béarn est donc encore un carré ayant 264 empans de côté; ou bien 264 empans valent 2277 pouces. Ces deux nombres sont divisibles par 33, et il résulte des divisions, que 8 empans (*une canne*) valent 69 pouces et encore qu'un empan est une longueur de 8 pouces, 7 lignes $^{1}/_{2}$. Si l'on réduit en mètres ces valeurs de la canne et de l'empan, on trouvera qu'une canne vaut 1^{m} 868^{mm}, et qu'un empan vaut en millimètres 232^{m} $^{1}/_{4}$. Nous avons dit plus haut que 7 cannes de Pau valent 13 mètres; mais il s'agit là de la canne usuelle qui, par l'effet de quelques altérations, est un peu plus courte que l'ancienne canne légale, dont nous venons de calculer la valeur. Si l'on veut avoir pour celle-ci un rapport plus exact, nous dirons que 53 cannes légales valent 99 mètres.

9 arpens de Bielle et d'Arudy valent....... 95 ares.
Cette espèce d'arpent est les $^{5}/_{18}$ de l'arpent de Pau.

1 arpent d'Accous vaut la moitié d'un arpent de Pau, ou.......................... 18 ares.

16 arpens de S^{t}.-Palais, d'Iholdy, valent ... 547 ares.

25 arpens de Bayonne etc., valent.......... 1047 ares.
ou, moins exactement, 1 arpent vaut 42 ares.

25 arpens de Sarre, etc., valent............ 698 ares,
ou, moins exactement, 1 arpent vaut 28 ares.

10 arpens de Salies et de Came valent....... 253 ares.

5 toises carrées font 19 mètres carrés.
9 pieds carrés font 95 décimètres carrés.
} Ces rapports sont ceux de l'arp. de Béarn aux ares.

Du mètre cube, de ses subdivisions et du stère.

Un *cube* est un corps ou volume de la forme d'un dé à jouer, c'est-à-dire un corps à six faces, qui sont des carrés égaux. Chacun des côtés de ces carrés est aussi un côté du cube. On donne en particulier le nom de *base* à la face sur laquelle le cube repose.

Un *mètre cube* est un cube qui a un mètre de côté, ou dont chaque côté a un mètre de longueur ; ou encore, c'est un corps cubique qui a un mètre de longueur, un mètre de largeur et un mètre de hauteur.

Un *décimètre cube* est un cube qui a un décimètre de côté ;

Un *centimètre cube* est un cube qui a un centimètre de côté ;

Et un *millimètre cube* est un cube qui n'a qu'un millimètre de côté.

Nous allons faire voir qu'un mètre cube contient *mille* dècimètres cubes.

Supposons que l'on ait à sa disposition une quantité indéfinie de décimètres cubes, et qu'on veuille les arranger de manière à en construire un mètre cube.

On posera sur un sol horisontal dix de ces décimètres les uns contre les autres et sur une même ligne : il en résultera une *rangée* qui aura *un mètre* de longueur, *un décimètre* seulement de largeur et *un décimètre* seulement de hauteur. Ainsi dix décimètres cubes ne peuvent faire qu'une *rangée.*

On posera sur le même sol neuf autres rangées semblables, ou en tout dix rangées, les unes à côté des autres ; et l'on parviendra ainsi à couvrir un mètre carré du sol, ou l'étendue de la base du mètre cube. Il résultera de ces dix rangées une *tranche*, qui aura *un mètre* de longueur, *un mètre* de largeur, et seulement *un décimètre* de hauteur. Cette tranche contiendra déjà *cent* décimètres cubes ; ou bien *cent* décimètres cubes ne peuvent faire qu'une *tranche.*

Sur cette première tranche on en posera une seconde

égale, ou contenant aussi *cent* décimètres cubes ; et le volume que l'on construit, n'aura encore que deux décimètres de hauteur.

Avec une troisième tranche posée sur la seconde, on arrivera à la hauteur de trois décimètres.

Il faut évidemment mettre dix tranches les unes sur les autres, pour obtenir la hauteur de dix décimètres ou d'un mètre que doit avoir le mètre cube. Or dix tranches contenant 100 *décimètres cubes* chacune, contiennent ensemble 1000 *décimètres cubes*. Il y a donc *mille* décimètres cubes dans un mètre cube.

On reconnaîtrait absolument de la même manière, que le décimètre cube se subdivise en *mille* centimètres cubes, et que le centimètre cube se subdivise en *mille* millimètres cubes.

Il s'ensuit que le mètre cube contient mille décimètres cubes, un million de centimètres cubes, et un billion de millimètres cubes.

Il s'ensuit encore que, si le mètre cube est l'unité principale, il faut trois chiffres décimaux après la virgule, pour exprimer des décimètres cubes, six pour écrire des centimètres cubes, et neuf pour représenter des millimètres cubes. Par exemple, si l'on doit écrire en chiffres *un mètre cube*, *deux décimètres cubes*, *trois centimètres cubes* et *quatre millimètres* cubes, on mettra 1m. cub, 002 003 004.

Pour exprimer *deux mètres cubes, sept mille six cent cinquante-neuf centimètres cubes*, on posera 2m. cub, 007659; ce qu'on peut encore lire en disant *deux mètres cubes, sept décimètres cubes, six cent cinquante-neuf centimètres cubes*. On représenterait soixante-dix-neuf millimètres cubes en écrivant 0m. cub,000 000 079.

S'il s'agissait de lire un nombre tel que 2m cub,34567 ou tout autre contenant beaucoup de décimales, on partagerait ces décimales en tranches de trois chiffres à partir de la virgule, et l'on ajouterait au besoin des zéros à la dernière tranche à droite, pour qu'elle eût trois chiffres comme les autres. Le nombre proposé ainsi préparé deviendrait 2m. cub, 345670, et on lirait alors : *deux mètres cubes, trois cent quarante-cinq décimètres cubes, six cent soixante* et *dix centimètres cubes.*

On peut également bien lire le nombre proposé comme tout autre nombre décimal, et dire *deux mètres cubes,* trente-quatre mille cinq cent soixante-sept *cent millièmes* de mètre cube ; car le premier chiffre après la virgule exprime encore des *dixièmes* de l'unité principale, le second, des *centièmes*, etc. ; comme dans tous les nombres décimaux sans exception.

Le mètre cube et les subdivisions, auxquelles il donne naissance, servent à évaluer des volumes de maçonnerie, de charpente, de terres à remuer, de matériaux pour réparation des chemins, de masses d'eau, etc.

Le *stère* ne diffère en rien du mètre cube. On ne se sert du mot *stère* au lieu de *mètre cube*, que lorsqu'il s'agit de mesurer les bois de charpente ou le bois de chauffage.

Le seul multiple du stère dont le nom soit employé, quoique très-rarement, est le *décastère*, qui vaut dix stères, comme le nom l'indique. On n'emploie pas d'autre sous-multiple que le *décistère* ou dixième du mètre cube. Un décistère ne serait pas convenablement représenté sous la forme d'un cube, mais on s'en fera aisément une idée sous une autre forme ; car c'est précisément une des *tranches* dont nous avons parlé.

10 toises cubes valent 74 mètres cubes.

1 bucher de Pau est un cube qui a 9 empans de côté. Il vaut 9mcub,1236, ou plus de 9 stères.

Du LITRE *et des autres mesures de capacité qui en dérivent.*

Le LITRE est la contenance d'un décimètre cube ou d'un vase cubique ayant *intérieurement* un décimètre de longueur, un décimètre de largeur et un décimètre de profondeur. Toutefois le *cube* n'est pas la forme que l'on donne aux mesures de capacité dont on fait usage, parce que cette forme serait incommode et n'offrirait pas assez de résistance aux chocs des corps extérieurs. Le litre et les autres mesures de capacité ont des formes cylindriques, combinées de manière que la contenance intérieure soit la même que si chaque forme était cubique.

Les multiples du litre sont, comme nous l'avons dit plus haut, le *décalitre*, l'*hectolitre*, le *kilolitre* et le *myrialitre;* et les subdivisions, le *décilitre*, le *centilitre* et le *millilitre*.

Toutes ces mesures portent le nom de *mesures de capacité*, parce qu'elles servent à mesurer les liquides : tels que l'eau, le vin, l'eau-de-vie, l'huile, le lait, la bière, le cidre, etc.; et les matières sèches : comme le froment, l'orge, les graines, la farine, le sable, la chaux vive, etc. Pour les liquides, les formes cylindriques ont une profondeur double du diamètre; et pour les matières sèches, le diamètre est égal à la hauteur. Ces dernières mesures sont en bois; et celles des liquides, en métal.

Puisqu'il y a mille décimètres cubes dans un mètre

cube, un vase d'un mètre cube intérieurement contiendrait exactement *mille litres*, ou bien 1000 litres font un mètre cube; ou encore un *stère* est pour la contenance la même chose qu'un *kilolitre*, et un *décastère* présente le même volume qu'un *myrialitre*.

Nous avons également vu que le décimètre cube (litre) contient mille centimètres cubes; donc le *centimètre* cube et le millilitre sont exactement le même volume.

On reconnaîtra, avec la même facilité, que l'hectolitre est la dixième partie du mètre cube, et équivaudrait au décistère; que le décalitre en est la centième partie; que le décilitre contient 100 centimètres cubes, et que le centilitre en contient dix.

1 conque d'Espelette vaut 45 litres.
1 idem, de Bayonne vaut 44 lit.
5 idem, de Hasparren valent 164 lit.
8 mesures d'Accous valent 191 lit.
6 mesures d'Orthez, ou quarterons
d'Arthez valent 137 lit.
13 mesures de Conchez valent 296 lit.
ou, moins rigoureusement,
4 mesures valent 91 litres.
5 mesures de Garlin valent 113 lit.
2 mesures de Lembeye valent une
conque d'Espelette, 45 lit.
15 idem, de Monein valent 338 lit.
ou, moins exactement, 2 mesures valent 45 litres.
1 mesure de Lagor vaut 22 lit. (V. Bayonne)
31 mesures de Lescar valent, 657 lit.
ou 5 mesures de Lescar valent 106 lit.

1 mesure de Pau vaut	21 lit.
5 mesures de Gan valent	104 lit.
3 mesures de Sauveterre valent	61 lit.
12 mesures de Nay valent	241 lit.
ou, moins exactement, 1 m. vaut	20 lit.
2 mesures de Salies valent	33 lit.
11 mesures de Navarrenx valent	180 lit.
ou, moius exactement, 3 m. val.	49 lit.
4 mesures d'Arudy valent	65 lit.
1 mesure de Pontacq vaut	16 lit.
4 quarterons d'Arzacq valent	95 lit.
15 quarterons d'Oloron valent	301 lit.
ou, moins exactement, 1 q, vaut	20 lit.
5 quarterons de Mauléon valent	77 lit.
1 quart. de Labastide-Clairence vaut	11 lit.
1 coussereau de Saint-Palais et de Saint-Jean-Pied-de-Port vaut	10 lit.
5 coussereaux de Garris valent	28 lit.

Nota. Quatre boisseaux font une mesure.
Quatres mesures font un sac.
Dix sacs font un char.

Ainsi, un char, que par corruption on appelle *cas*, dans quelques endroits, contient dix sacs, quarante mesures ou quarterons et 160 boisseaux.

PINTES.

Il y a, dans le département, des pintes qui sont plus grandes que le litre; d'autres qui sont sensiblement égales au litre, d'autres qui sont plus petites.

12 pintes de Garris valent	19 litres.
3 de Saint-Palais valent	4 litres.

10	de Garlin valent	13 litres.
20	de Pau, de Gan, de Lescar, valent	23 litres.
22	d'Accous	25 litres.
13	de Tardets	14 litres.
15	de Labastide-Clairence	16 litres.
17	d'Arudy	18 litres.
35	de Sauveterre	37 litres.
43	de Salies	44 litres.
1 pinte	de Mauléon, de Lagor, d'Orthez, v.	1 litre.
167 pintes	d'Oloron, de Conchez, valent	166 litres.
100	de Saint-Jean-Pied-de-Port	99 litres.
62	de Pontacq, de Morlàas	61 litres.
50	de Lembeye, de Nay	49 litres.
100	de Navarrenx, d'Arthez, de Monein, valent	97 litres.
18	d'Arzacq	17 litres.
41	de Hasparren	33 litres.
5	d'Espelette,	4 litres.
13	de Bayonne et de St-Jean-de-Luz,	10 litres.

Nota. Un pot vaut deux pintes.
Une cruche ou herrade vaut dix pots ou vingt pintes.

Une barrique contient ou devrait contenir 16 herrades, ou 160 pots, ou 320 pintes ; mais l'intérêt privé et la fraude ont fait subir de grandes altérations à ces anciennes mesures, qui, d'ailleurs, ne sont, depuis longtemps, soumises à aucun contrôle.

Nous avons dit plus haut que les mesures cylindriques de capacité qui servent pour les matières sèches, ont une hauteur égale à leur diamètre, et que celles qui servent pour les liquides ont une hauteur double du diamètre, le tout intérieurement. Nous allons donner en millimètres les dimensions de ces diamètres et de ces hauteurs, afin que chacun puisse faire des jauges qui lui servent à vérifier si les mesures dont on se sert sont exactes.

Nous ne ferons pas mention du myrialitre qui, à cause de sa trop grande capacité, ne peut pas devenir une mesure usuelle; mais nous comprenons, dans les deux petits tableaux qui suivent, les doubles et les moitiés des autres mesures de capacité, parce que ces doubles et ces moitiés sont autorisés par la loi du 4 juillet 1837.

PREMIER TABLEAU.

MESURES DE CAPACITÉ pour les grains et les matières sèches.	DIAMÈTRE et hauteur,
	millimètres.
Le double hectolitre (rarement employé,	633, 8
L'hectolitre (peu employé)............	503, 1
Le demi-hectolitre......................	399, 3
Le double décalitre......................	294, 2
Le décalitre..............................	233, 5
Le demi-décalitre........................	185, 4
Le double litre..........................	136, 6
Le litre.................................	108, 4
Le demi-litre............................	86, »
Le double décilitre......................	63, 4
Le décilitre.............................	50, 3

SECOND TABLEAU.

MESURES DE CAPACITÉ pour les liquides.	DIAMÈTRE.	HAUTEUR ou profondeur.
	millimètres.	millimètres.
Le décalitre.	185, 3	370, 7
Le demi-décalitre.	147, 1	294, 2
Le double litre.	108, 4	216, 8
Le litre.	86, »	172, 1
Le demi-litre.	68, 3	136, 6
Le double décilitre.	50, 3	100, 6
Le décilitre.	39, 9	79, 9
Le demi-décilitre.	31, 7	63, 4
Le double centilitre.	28, 9	57, 9

Du Gramme *et des autres mesures de poids qui en dépendent.*

Un **gramme** est le poids d'un centimètre cube d'eau distillée, ramenée à son maximum de densité et pesée dans le vide. Nous allons expliquer les termes qui entrent dans cette définition ; mais nous prévenons que ces explications sont peu utiles pour l'intelligence et l'usage des nouvelles mesures, et qu'il suffit de se rappeler que le gramme est le poids d'un centimètre cube d'eau pure.

On appelle *eau distillée*, de l'eau qui ne contient ni air ni corps étrangers en dissolution. Pour que l'unité de poids dépendît du mètre et fût aisément retrouvée en tout temps, on devait choisir une substance homogène (la même dans toutes ses parties), prendre de cette substance un volume métrique déterminé, et convenir que le poids de la substance contenue dans ce volume serait l'unité principale des nouvelles mesures de poids. Il fallait donc que la substance choisie eût toujours le même poids sous le même volume, dans des circonstances semblables. L'eau distillée ou pure, que l'on peut se procurer partout et avec facilité, a cet avantage ; tandis que de l'eau ordinaire contient toujours des matières étrangères en dissolution, et pèse tantôt moins, tantôt plus, selon qu'elle est plus ou moins pure. On a donc choisi l'eau distillée, et l'on a fait dépendre les unités de poids du mètre lui-même, puisque le *centimètre cube* est dérivé de la même mesure principale.

La chaleur dilatant tous les corps, le même volume d'eau pure n'a pas toujours le même poids à tous les degrés du thermomètre. Des expériences exactes ont fait connaître que le poids d'un certain volume d'eau est le plus grand possible, ou, ce qui est la même chose, qu'un certain poids d'eau occupe le moindre volume possible, lorsque cette eau marque 4 degrés $\frac{1}{2}$ au-dessus du zéro du thermomètre centigrade. On dit alors que l'eau (qui marque $4^{\circ} \frac{1}{2}$) est ramenée à son *maximum de densité*, parce que c'est la température à laquelle une quantité d'eau déterminée occupe le moindre espace.

L'air est pesant, et tout corps qui pèse moins que l'air, comme la fumée, les nuages, les aérostats, s'élève vers la partie supérieure de l'atmosphère. Ces corps semblent avoir perdu tout leur poids, et même peser en sens contraire, puisqu'ils montent avec plus ou moins de rapidité et d'énergie. Cela tient à ce qu'un corps quelconque, plongé dans un liquide ou dans un fluide, y perd une partie de son poids, égale à ce que pèserait le volume du fluide déplacé. Si le corps pèse moins qu'un pareil volume du liquide, comme un morceau de liége que l'on plongerait dans l'eau, et qu'on abandonnerait ensuite à lui-même, non seulement il perd en apparence tout son poids, mais il est poussé de bas en haut, remonte à la surface, surnage, et déplace un volume de liquide dont le poids serait précisément égal au sien. S'il pèse plus que le fluide, comme un caillou dans l'eau, un corps sensiblement pesant, dans l'air, le poids de ce corps est diminué d'une quantité égale à ce que pèserait l'eau ou l'air dont le corps occupe la place. Un mètre cube d'eau pèse donc moins dans l'air qu'il ne pèserait dans le vide, c'est-à-dire, moins que si l'on parvenait à retirer tout l'air dont il est environné. Jusqu'à présent, nous ne voyons pas pourquoi on a pesé l'eau distillée hors de la présence de l'air, si cette eau avait dans l'air toujours le même poids. Mais la pesanteur ou pression de l'air est loin d'être constante ; elle varie au contraire sans cesse, et l'on en a la preuve, en même temps que la mesure, dans les variations continuelles du baromètre, qui monte, quand le poids de l'air augmente, et qui baisse lorsque ce poids ou cette pression diminue. Un volume d'eau plongé dans un air de pesanteur variable, perd donc de son poids tantôt plus, tantôt moins ; il a par conséquent lui-même une pesanteur résultante variable ; et c'est pour soustraire la détermination de l'unité de poids à toute variation possible, que l'eau distillée a été pesée dans le vide. Presque tout le monde sait qu'on fait le vide au moyen d'une machine pneumatique (machine à faire le vide), et qu'on enlève ainsi tout l'air qui environne un corps placé sous le récipient (sous la cloche de verre) de cette machine.

Nous pouvons donc définir un GRAMME, *le poids d'un centimètre cube d'eau pure à* $4^{0}\,{}^{1}/_{2}$, *pesée dans le vide.*

On pourrait objecter qu'il était à-peu-près impossible d'apprécier assez exactement un aussi petit volume que celui d'un centimètre cube d'eau; qu'une erreur, insensible pour un gramme, deviendra sensible pour un poids dix mille fois plus grand, et qu'ainsi l'exactitude des nouveaux poids, comme dérivés du mètre, n'est pas exempte d'incertitude. Nous répondrons que ce n'est pas un centimètre cube d'eau pure, mais un volume mille fois plus grand, ou un décimètre cube qu'on a pesé effectivement; et que, si nous pouvions entrer ici dans le détail des précautions minutieuses qu'on a prises, des opérations délicates auxquelles on s'est livré, et des nombreuses vérifications qu'on a faites, nous donnerions la conviction, que les nouvelles mesures de poids ont été déterminées de la manière la plus rigoureuse. Les savans, qui furent chargés de ces opérations importantes et difficiles, remirent, à la fin de leurs travaux, deux mètres-étalons en platine, et un kilogramme-étalon aussi en platine, qui furent déposés aux archives nationales, dans une double armoire de fer, à quatre clefs, où on les conserve soigneusement. On a choisi le platine, qui est le métal le plus pesant et le moins susceptible d'altération. C'est d'après ces étalons qu'on a construit toutes les mesures de longueur et de poids. La longueur du mètre-étalon de platine doit être prise à la température de la glace fondante, température qui est marquée par le zéro du thermomètre centigrade et du thermomètre de Réaumur. Le kilogramme-étalon est de forme cylindrique et d'un diamètre égal à la hauteur.

Nous savons déjà que les multiples du *gramme* sont : le *décagramme*, l'*hectogramme*, le *kilogramme* et le *myriagramme ;* et que les sous-multiples sont : le *décigramme*, le *centigramme* et le *milligramme*. De plus, la loi du 4 juillet 1837 a décidé, que conformément à la loi du 18 germinal an III, concernant les poids et mesures de capacité, chacune des unités de poids qui viennent d'être nommées, peut avoir son double et sa moitié.

L'usage s'est établi de donner le nom de *quintal métrique* à un poids de cent kilogrammes, et celui de *millier*, (dans la marine on dit *tonneau*), à un poids de mille kilogrammes.

Les poids plus grands que le kilogramme ou que le double-kilogramme, sont en fonte de fer, armés d'un anneau qui sert à les soulever. Le kilogramme et les poids inférieurs jusqu'au gramme, sont des cylindres creux en cuivre jaune, d'une hauteur égale au diamètre et surmontés d'un bouton. On leur donne aussi la forme de vases qui se logent les uns dans les autres. Les subdivisions du gramme sont des lames carrées de cuivre jaune, d'argent ou de platine, ayant un angle relevé, par lequel on peut les saisir. C'est avec du plomb coulé dans leurs cavités, qu'on ajuste les poids plus grands que le gramme.

Il peut paraître assez singulier qu'on ait choisi pour unité un poids aussi petit que le gramme; car c'est ce que pèse à-peu-près l'eau contenue dans un dé à coudre. On ne peut pas en effet compter par grammes, lorsqu'on achète du pain, de la viande et quantité d'autres marchandises. Il semblait donc plus convenable de prendre pour unité principale le poids d'un *décimètre cube* d'eau pure, lequel est mille fois plus grand que celui d'un centimètre cube de la même eau et se nomme *kilogramme*. Mais il faut considérer qu'il existe des matières d'un grand prix, sous un petit poids ou sous un petit volume, comme l'or, les diamans, les pierres précieuses, des essences; et que la plupart des médicamens doivent être donnés à de petites doses. Il fallait donc des unités de poids très-petits pour ces sortes d'objets; et c'est ce qu'on n'aurait pas obtenu, si l'unité principale eût été le kilogramme (qu'on aurait alors nommé gramme); car les subdivisions nominales de toutes les nouvelles mesures ne descendent pas au-delà des millièmes.

Au reste, tout multiple et tout sous-multiple d'une mesure métrique devient unité principale, selon les circonstances et les besoins, quand cette unité est celle que l'on veut plus particulièrement employer. Aussi le kilogramme est-il réellement considéré comme unité principale, dans toutes les transactions ordinaires de la vie. Nous remarquons avec peine que les marchands s'accoutument à dire *kilo*, au lieu de *kilogramme*. Cette abréviation nous semble tout-à-fait vicieuse, et indique chez les personnes qui s'en servent, une certaine ignorance du système métrique; car, *kilo*, ne veut pas plus dire *kilogramme*, que *kilolitre* et *kilomètre*.

Le gramme étant déduit du mètre, et par conséquent du litre, puisque c'est le poids d'un millilitre d'eau distillée, tous les multiples et tous les sous-multiples de cette unité de poids ont aussi des rapports avec le mètre et avec les mesures de capacité, ou bien ils sont les poids des divers volumes métriques d'eau pure. Par exemple, un litre (un décimètre cube) d'eau pure, pèse un kilogramme ; un décalitre d'eau pèse un myriagramme ; un mètre cube d'eau pèse mille kilogrammes ou un million de grammes ; l'hectogramme est le poids d'un décilitre d'eau ; le décagramme, le poids d'un centilitre ou de dix centimètres cubes d'eau ; le gramme est le poids d'un millilitre, et le milligramme est ce que pèse un millimètre cube d'eau distillée.

L'ancienne livre poids de marc, se subdivisait en 16 onces (ou en deux marcs, et le marc en 8 onces), l'once en 8 gros, et le gros en 72 grains (ou le gros en 3 deniers, et le denier en 24 grains).

143 liv. poids de marc, font presque exactement	70 kilogrammes.
5 onces ou 40 gros, valent	153 grammes.
17 gros, valent	65 grammes.
74 gros, val. presque exactement	283 grammes.
91 gros, valent	348 grammes.
15 grains, valent	8 décigrammes.

Dans plusieurs parties du département des Basses-Pyrénées, on employait la livre poids de table, ou livre de Toulouse, qui n'est que les $5/6$ de la livre poids de marc. La livre poids de table se divisait aussi en 16 onces poids de table, etc.

76 livres poids de table, valent 31 kilogrammes.
2 onces poids de table, valent 51 grammes.

On employait encore, pour la viande, la livre *carnassière*, qui était le triple de la livre poids de table, et qui se subdivisait en 48 onces poids de table.

76 livres carnassières, valent 93 kilogrammes.

Du Franc et de ses subdivisions.

L'unité monaitaire de France a conservé le nom de FRANC, mais on l'a déterminée de manière à la faire dépendre du mètre, tant sous les rapports de son poids et de ses divisions, que sous ceux de son titre et de son module.

Le *Franc* est la valeur de 4 grammes $^1/_2$ d'argent pur, alliés à $^1/_2$ gramme de cuivre, ou bien le *Franc* est la valeur de 5 grammes d'argent monnayé, qui contiennent $^1/_{10}$ de leur poids d'alliage. L'unité de monnaie est donc déduite du mètre, puisque le gramme en est déduit, et que la pièce d'argent monnayé, qui vaut *un franc*, pèse *cinq grammes*.

Le *titre* d'une pièce de monnaie d'or et d'argent est la quantité de métal pur en poids qu'elle contient et que l'on compare au poids total de la pièce. Ainsi, au lieu de dire qu'une pièce ou un objet quelconque en or ou en argent, contient les *neuf dixièmes* de son poids de métal pur et *un dixième* d'alliage, on dit que le titre de cette pièce ou de cet objet est de *neuf dixièmes de fin*.

L'usage est de compter le titre par *millièmes*. Si, par exemple, on dit que les quadruples et les piastres d'Espagne, frappées avant 1772, sont au titre légal de 917 (ce qui est exact), cela signifie que, sur 1000 parties en poids, il y en a 917 de métal pur, et 83 d'alliage. On dira de même que le titre légal des monnaies d'or d'Angleterre est de 917, et celui des couronnes d'argent de 925.

En France, les monnaies d'or et celles d'argent sont effectivement au titre de *neuf dixièmes*, ou plutôt au titre de 900; et par conséquent, sous le rapport du titre, elles sont assujéties au système décimal. On a remarqué que la proportion d'un dixième d'alliage est, à peu près, celle qui procure aux pièces de monnaie la plus grande résistance à l'action du frottement.

On divise le *Franc* en dix *Décimes*, et le décime en dix *Centimes*; d'où l'on voit que le système décimal est observé dans les subdivisions de l'unité monétaire. Les mots décime et centime remplacent les termes *décifranc*, *centifranc*, qui ne sont pas employés. On ne se sert pas non plus des termes *décafranc*, *hectofranc*, etc., parce qu'il n'y a aucun inconvénient à compter seulement en francs une somme quelconque.

Pour les usages et les comptes journaliers, on fabrique ou l'on conserve des pièces de monnaie qui ne sont pas des fractions décimales ni des multiples décimaux du franc. Ces pièces sont 1.° la pièce de *cinq centimes*, qui a conservé le nom de *sou*; 2.° le *quart de franc* en argent ou pièce de *cinq sous*; 3.° le *demi-franc* en argent ou pièce de *dix sous*; 4.° la pièce (déjà ancienne) de 15 sous; 5.° la pièce (déjà ancienne) de 30 sous; 6.° la pièce de *cinq francs* en argent ou pièce de *cent sous*; 7.° la pièce d'or de *vingt francs*; 8.° la pièce d'or de *quarante francs*.

Il serait bien à désirer que l'on vît disparaître les pièces de 30 sous et de 15 sous qui contiennent *un tiers* d'alliage; et que l'on frappât des pièces d'or de *dix francs*, qui auraient le double avantage de présenter un multiple décimal du franc et d'être fort commodes. On a objecté qu'elles seraient trop petites, mais c'est une erreur; car, en Espagne, il existe de petits écus d'or ayant la même valeur intrinsèque que la piastre d'argent, c'est-à-dire, 5 fr. 45 c. On ne voit pas non plus pourquoi il n'a plus été frappé en France de pièces d'or décimales de 100 fr., lorsqu'il en existe en Portugal qui valent plus de 200 fr., et en Italie, d'autres dont les valeurs vont de 130 à 150 f.

L'or, à poids égaux, vaut 15 fois ½ autant que l'argent. Si, par exemple, on fesait une pièce d'or pesant 5 grammes et contenant $^{1}/_{10}$ d'alliage, elle vaudrait 15 francs 50 centimes.

Le *Module* n'est autre que le *diamètre* d'une pièce d'or ou d'argent. Toutes les monnaies de France ont des modules d'un nombre exact de millimètres, et ces diamètres sont tous différens pour des monnaies différentes(1).

DIAMÉTRE de la pièce.	POIDS EXACT ou poids droit.	DÉCIMÈTRE ou module, en millimètres.	TOLÉRANCE en millièmes du poids.
En or.	Grammes.		
40.f	12, 90322	26	2.
20.f	6, 45161	21.	2.
En argent.	Grammes.		
5.f	25, »	37.	3.
2.f	10, »	27.	5.
1.f	5, »	23.	5.
0.f 50c.	2, 50	18.	7.
0.f 25c.	1, 25	15.	10.
En billon,	Grammes.		
0.f 10c.	2, »	19.	7.
En cuivre.	Grammes.		
0.f 10c.	20, »	31.	20 au-dessus et sans tolérance au-dessous.
0.f 05c.	10, »	27.	
0.f 01c.	2, »	»	

(1) Il faut en excepter la pièce de 2 francs et la pièce de cuivre de 5 centimes (un sou), qui ont, l'une et l'autre, un diamètre de 27 millimètres, et qui pèsent également 10 grammes.

Le tableau précédent indique le diamètre et le poids *légal* de chaque pièce.

Il résulte de ce tableau qu'on peut retrouver la longueur du mètre en mettant sur une même ligne,

32 pièces de quarante francs et 8 pièces de vingt francs.
ou 11 pièces de quarante francs et 34 pièces de vingt francs.
ou 19 pièces de cinq francs et 11 pièces de deux francs.
ou 20 pièces de deux francs et vingt pièces d'un franc.

Il faut toutefois éviter, pour la monnaie d'or et la pièce de 5 francs, frappées depuis 1830, que ces pièces se touchent par la saillie des lettres de la tranche.

Les monnaies peuvent servir à retrouver les unités de poids, ou bien ce sont des poids qu'on pourrait employer à défaut d'autres, dans les transactions commerciales. Par exemple, pour avoir le poids d'un *décagramme*, on prendra une pièce de *deux francs*; pour celui d'un *hectogramme*, on prendra dix des mêmes pièces; pour former le poids du *kilogramme*, on prendra 200 francs en argent, c'est-à-dire, 40 pièces de 5 francs; ou bien 3100 francs en or, ce qui ferait 155 pièces de vingt francs. On pourrait donc, avec des quantités suffisantes de pièces, former le poids de plusieurs décagrammes, de plusieurs hectogrammes, de plusieurs kilogrammes, et par suite, d'un nombre quelconque de décagrammes.

Le franc a remplacé l'ancienne livre tournois, dont la valeur était presque la même, car

81 livres tournois, valent 80 francs exactement.

Les monnaies d'or les plus pures de l'Europe sont : à Venise, l'écu d'or qui vaut 144 fr. 35 c., l'oselle d'or qui en vaut le tiers; le sequin, qui vaut 11 fr. 89 c., et le ducat d'or qui vaut 7 fr. 50 c.; en Hanovre, le ducat de 1724, qui vaut 11 fr. 89; en Toscane et à Genève, le triple sequin ou ruspone, qui vaut 36 fr., et le sequin qui vaut 12 fr.; et dans les Etats-Romains, les sequins de 1769 et des années suivantes, qui valent 11 fr. 80 c. Toutes ces pièces sont d'or pur et se plient aisément sous les doigts. Viennent ensuite le sequin à l'annonciade du Piémont, au titre de 995, et valant 11 fr. 84; les ducats d'Allemagne, au titre de 986 et valant 11 f. 85 c.

Nous ajouterons ici quelques rapports exprimés en décimales, pour les personnes qui voudraient mettre une grande rigueur dans leurs calculs, ou dresser des tables de réduction pour leur usage particulier :

1 mètre	vaut	0toise, 513074.
	ou	3pieds, 078444.
	ou	3pieds, 0p. 11lig.296.
1 toise	vaut	1mét., 94903659.
1 pied	vaut	0mét., 32483943.
1 pouce	vaut	0mét., 02706995.
1 ligne	vaut	0mét., 00225583.
1 millimètre	vaut	0ligne, 443296.
1 centimètre	vaut	4lignes, 43296.
1 décimètre	vaut	3pouc., 8lig., 3296,
	ou	3pouc., 6941328.
1 toise carrée	vaut	3mét. car., 798743634
1 pied carré	vaut	0mét, car., 1055206.
1 mètre carré	vaut	0tois. car., 263245.
	ou	9pieds car., 4768.
1 toise cube	vaut	7mét. cub., 403890343
1 mètre cube	vaut	0tois. cub., 135064129
	ou	22pieds cub., 17385.
1 pied cube	vaut	0mét. cub., 03427726.

1 arp. de Béarn (1000 tois. car.) vaut 37ares, 9874...

1 livre poids de marc vaut 0kilogr., 489505847.

1 kilogr. vaut en liv. poids de marc 2lp., 042876519.

1 grain	vaut	$0^{gram.}$, 05311478.
1 gramme	vaut	18^{grains}, 82715.

Les expériences ont donné 18827 grains, 15 pour le poids du kilogramme. La livre vaut 9216 grains. Un hectolitre de froment pèse, terme moyen, 75 kilogrammes.

1 livre tournois	vaut	0^{f}, 987651.
1 sou	vaut	0^{f}, 049382.
1 denier	vaut	0^{f}, 004115.
1 franc	vaut	$1^{liv.\ t.}$,012503.
		ou 1₶ 0^{s} 3^{den}. 00072.

QUESTIONNAIRE ET EXERCICES. (1)

1. D. *Quelle est la forme de la* terre ?

R. La *terre*, qu'on appelle aussi *globe terrestre*, est ronde comme une boule ou une sphère, toutefois elle est très-légèrement aplatie vers les deux pôles, ou renflée à l'équateur.

2. D. *Qu'entendez-vous par* pôles *et par* équateur ?

R. Notre globe tourne sur lui-même en 24 heures. Le diamètre terrestre autour duquel s'effectue ce mouvement *diurne* (journalier) est l'*axe* de la terre; et les deux extrémités de cet axe, à la surface du globe, sont les *pôles terrestres*. L'*équateur* est un grand cercle de la terre qui enveloppe le globe comme une ceinture : chaque point de ce cercle est à égale distance des deux pôles. Si l'on conçoit l'axe de la terre prolongé sans fin de part et d'autre, les deux points opposés où il rencontre la voûte du ciel, se nomment les *pôles célestes*.

3. D. *Qu'est-ce qu'un* méridien ?

R. C'est un grand cercle de la terre, passant par

(1) Ce Questionnaire est principalement destiné aux colléges et aux écoles primaires des deux degrés. Il ne faut pas d'abord adresser indistinctement aux éléves toutes les questions qu'il contient, mais seulement celles dont on pourra leur faire bien comprendre les réponses. On devra s'assurer par d'autres questions faciles à imaginer selon les circonstances, que chaque éléve attache un sens précis aux mots qu'il prononcera. On ne doit pas exiger non plus que les éléves apprennent les réponses par cœur ; il suffira qu'ils en reproduisent le sens.

les deux pôles, et qu'on peut se représenter comme un fil dont le globe serait enveloppé. Il y a une infinité de méridiens différens, qui, tous, se croisent aux deux pôles, mais qui passent par des points différens de l'équateur. Ce dernier cercle coupe tous les méridiens à angles droits.

4. D. *Comment se subdivise une circonférence de cercle, grande ou petite?*

R. Elle se divise en 360 degrés, chaque degré en 60 minutes, et chaque minute en 60 secondes.

5. D. *Pourquoi le système des nouvelles mesures est-il appelé* système légal?

R. Parce que la loi prescrit de l'employer uniquement.

6. D. *Pourquoi le nomme-t-on* système métrique?

R. Parce que toutes les espèces de mesures dont il se composent, dépendent d'une seule mesure nouvelle et fondamentale, nommée le MÈTRE.

7. D. *Qu'est-ce que le* mètre?

R. C'est la *dix-millionième* partie du quart du méridien terrestre.

8. D. *Entre quelles limites est compris le quart de méridien qu'on a mesurés?*

R. Entre l'équateur, d'une part, et celui des deux pôles qu'on appelle *pôle boréal*, d'autre part.

9. D. *Combien y a-t-il de degrés dans un quart du méridien?*

R. Il y en a 90, puisque 90 est le quart de 360.

10. D. *Avec quelle mesure a-t-on déterminé la longueur du quart du méridien?*

R. Avec la *toise*, mesure ancienne, dont l'*étalon* était conservé avec soin.

11. D. *Qu'est-ce que l'étalon d'une mesure?*

R. C'est une *mesure-modèle* de la même espèce, construite avec la plus grande précision, et que l'on conserve soigneusement, pour qu'elle serve à la construction de mesures semblables, et au besoin, à la vérification de celles dont on fait usage.

12. D. *A-t-on mesuré tout le quart du méridien, pour en avoir la longueur?*

R. Non, cela n'aurait pas été possible, mais on en a mesuré plusieurs degrés; et il a été facile d'en conclure la longueur totale dont il est composé.

13. D. *Comment pouvait-on reconnaître le nombre exact des degrés qu'on avait parcourus et mesurés sur le méridien terrestre?*

R. Si l'on s'avance du sud au nord sur le méridien, le pôle céleste du nord, toujours visible pour nous, paraît s'élever au-dessus de l'horizon, d'autant de degrés exactement qu'on en a parcouru sur le méridien. Ainsi, en prenant la hauteur du pôle au point de départ, et la hauteur au point d'arrivée, on a, par la différence de ces deux hauteurs, précisément le nombre de degrés que l'on voulait connaître.

14. D. *Quelle longueur a-t-on trouvée pour le quart du méridien terrestre?*

R. On a trouvé 5 130 740 toises, et la *dix-millionième* partie de cette longueur, ou 0tois.,513074, a été adoptée pour l'unité fondamentale de longueur, nommée le *mètre.*

15. D. *Pourquoi n'a-t-on pas mesuré la circonférence de l'équateur, au lieu de mesurer la circonférence d'un méridien, qui n'est pas exactement un cercle, à cause de l'aplatissement vers les pôles?*

R. Parce qu'il était plus facile pour nous de parcourir et de mesurer un arc d'un méridien traversant l'Europe, qu'un arc de l'équateur dans les déserts de l'Afrique ou dans les forêts impénétrables de l'Amérique.

16. D. *Quelle loi suivent les multiples et les subdivisions d'une mesure métrique quelconque?*

R. La loi de la numération décimale ; c'est-à-dire, qu'une nouvelle unité de mesure, une fois arrêtée, a servi à former d'autres mesures de la même espèce, *dix fois*, *cent fois, mille fois, dix mille fois* plus grandes que la première, et des mesures *dix fois*, *cent fois*, *mille fois* plus petites.

17. D. *Quels sont les mots qui servent à former les noms des multiples de chacune des nouvelles mesures?*

R. Ce sont les mots *déca*, *hecto*, *kilo*, *myria*.

18. D. *Que signifient ces mots?*

R. *Déca* signifie *dix; Hecto* signifie *cent; Kilo* veut dire *mille;* et *Myria* veut dire *dix mille.*

19. D. *Avec quels mots forme-t-on les noms des subdivisions d'une nouvelle mesure métrique?*

R. Avec les mots *déci*, qui veut dire *dixième; centi*, qui signifie *centième;* et *milli*, qui signifie *millième.*

20. D. *Quels sont donc les noms des mesures de longueur multiples du* mètre?

R. Une longueur de *dix mètres*, se nomme un *décamètre;* une longueur de *dix décamètres* ou de *cent mètres*, se nomme un *hectomètre;* une longueur de *dix hectomètres* ou de *mille mètres*, s'appelle un *kilomètre;* enfin, une distance de *dix kilomètres*, c'est-à-dire de *dix mille mètres*, se nomme un *myriamètre.*

21. D. *Comment se subdivise le* mètre?

R. Il se subdivise en dix *décimètres;* chaque décimètre en dix *centimètres*, et chaque centimètre en dix *millimètres* ; de sorte que le mètre contient dix *décimètres* ou cent *centimètres*, ou mille *millimètres*.

22. D. *Qu'est-ce qu'un* mètre carré ?

R. C'est une surface de forme carrée qui a un mètre de côté.

23. D. *Qu'est-ce qu'un* décimètre carré ?

R. C'est un carré dont chaque côté a un décimètre de longueur.

24. D. *Combien de* décimètres carrés *y a-t-il dans un* mètre carré ?

R. Il y en a *cent* ; car une rangée de dix décimètres carrés, mis bout à bout, ne forme qu'une *bande* d'un mètre de longueur et d'un décimètre seulement de largeur ; et il faut dix bandes semblables pour couvrir le mètre carré.

25. D. *Qu'est-ce qu'un* centimètre carré, *et combien y en a-t-il dans un* mètre carré ?

R. C'est un carré qui a un centimètre de côté. Avec dix de ces petits carrés, on formerait une petite *bande* d'un décimètre de longueur et d'un centimètre seulement de largeur. Il faudrait dix de ces bandes, et par conséquent *cent* centimètres carrés pour couvrir un décimètre carré ; d'où l'on doit conclure que le mètre carré contient *dix mille* centimètres carrés.

26. D. *Qu'est-ce qu'un* millimètre carré ?

R. C'est un carré qui a un millimètre de côté. Le centimètre carré en contient *cent ;* le décimètre carré en contient *dix mille*, et le mètre carré, *un million*.

27. D. *Comment s'interprètent les chiffres décimaux qui expriment des fractions du mètre carré pris pour unité?*

R. Le premier chiffre après la virgule exprime, comme dans toute fraction décimale, des *dixièmes* de mètre carré *(des bandes)*; le second, des *centièmes* de mètre carré (des décimètre carrés ou bien des bandes d'un mètre de longueur et d'un centimètre de largeur); le troisième, des *millièmes* de mètre carré ; ainsi de suite. Mais si l'on préfère énoncer les *décimètres carrés*, les *centimètres carrés*, etc. que les décimales représentent, les deux premiers chiffres décimaux indiquent des *décimètres carrés*; les deux suivans, des *centimètres carrés*; et les deux qui viendront après, des *millimètres carrés*. Il faut en conséquence, lorsque le mètre carré est l'unité principale, *deux* chiffres décimaux pour exprimer des décimètres carrés, *quatre* pour représenter des centimètres carrés, et *six* pour écrire des millimètres carrés.

28. D. *Qu'est-ce qu'un* are ?

R. C'est une surface carrée qui a dix mètres de côté, et qui par conséquent peut se décomposer en *cent* mètres carrés.

29. . *Qu'est-ce qu'un* hectare ?

R. Un hectare vaut *cent* ares, comme le nom l'indique ; ou bien c'est un carré qui a *cent* mètres de côté.

30. D. Combien l'hectare contient-il de mètres carrés?

R. L'hectare valant *cent* ares, et l'are valant *cent* mètres carrés, il est évident que l'hectare contient *dix mille* mètres carrés.

31. D. *Qu'est-ce qu'un* centiare ?

R. C'est la centième partie de l'are, et par conséquent le centiare est égal au mètre carré.

32. D. *Pourquoi n'emploie-t-on pas les mots* décare *et* kilare ?

R. Parce que les figures qui représenteraient convenablement ces mesures ne seraient pas des *carrés*, mais des *bandes* ayant dix fois autant de longueur que de largeur.

33. D. *Qu'est-ce qu'un* myriare ?

R. Un myriare contient *dix mille* ares, comme le nom l'indique, ou bien encore, c'est un carré qui a un kilomètre de côté, aussi l'appelle-t-on souvent *kilomètre carré.* On l'emploie en topographie, en géographie et dans des calculs de statistique, mais non dans l'arpentage ordinaire.

34. D. *Qu'est-ce qu'un* myriamètre carré ?

R. C'est un carré qui a un myriamètre de côté, et qui, par conséquent, contient *cent* kilomètres carrés ou *myriares.* On n'emploie guère cette mesure que dans de grandes évaluations géographiques.

35. D. *Si l'*hectare *est pris pour unité principale, comment faut-il interpréter les chiffres décimaux qui expriment des parties d'hectare ?*

R. Le premier chiffre après la virgule, exprime, comme toujours, des *dixièmes* de l'unité principale ou des dixièmes d'hectare ; le second, des *centièmes ;* le suivant, des *millièmes*, etc. Mais si, au lieu d'indiquer des dixièmes, des centièmes,... d'hectare, on veut énoncer les *ares* et les *centiares*, que le nombre décimal représente, ce qui est l'usage ordinaire, alors les deux premiers chiffres après la virgule, expriment des ares, et les deux suivans, des centiares.

36. D. *Comment écririez-vous, par exemple*, trente hectares, sept centiares ?

R. J'écrirais 30hect., 0007c ; car il me faut quatre chiffres décimaux pour représenter des centiares, quand l'hectare est l'unité principale.

37. D. *Qu'est-ce qu'un* cube ?

R. C'est un corps à six faces, qui sont six carrés égaux, comme un dé à jouer.

38. D. *Qu'entend-on par* côtés *ou* arêtes *du cube ?*

R. Les côtés ou bords des carrés qui forment les faces.

39. D. *Qu'est-ce qu'un* mètre cube ?

R. C'est un cube qui a un mètre de longeur, un mètre de largeur, et un mètre de hauteur, ou un mètre pour chacune de ses trois dimensions, ou plus simplement, qui a un mètre de côté.

40. D. *Qu'est-ce qu'un* décimètre cube ?

R. C'est un cube qui a un décimètre pour chacune de ses trois dimensions.

41. D. *Combien de* décimètres cubes *y a-t-il dans un* mètre cube ?

R. Dix décimètres cubes, mis bout à bout, ne forment qu'une *rangée*, ayant un mètre de longueur, un décimètre de largeur et un décimètre de hauteur. Dix de ces *rangées*, mises les unes à côté des autres, contiendraient *cent* décimètres cubes, et ne formeraient qu'une *tranche*, ayant *un* mètre de longueur, un mètre de largeur et un décimètre seulement de hauteur. Enfin, dix *tranches*, mises les unes sur les autres, contiendraient *mille* décimètres cubes, et formeraient le mètre cube, puisque le cube, ainsi construit, aurait aussi un mètre de hauteur. Il y a donc *mille décimètres cubes dans un mètre cube.*

42. D. *Qu'est-ce qu'un* centimètre cube ?

R. C'est un cube dont chaque côté a un centimètre de longueur.

43. D. *Combien y a-t-il de* centimètres cubes *dans un* décimètre cube *et dans un* mètre cube ?

R. Par le moyen employé dans l'avant-dernière réponse, on reconnaîtra qu'il y a *mille* centimètres cubes dans un décimètre cube. Il y en a donc *mille fois mille* ou *un million* dans un mètre cube.

44. D. *Qu'est-ce qu'un* millimètre cube ?

R. C'est un cube dont chaque dimension a un millimètre de longeur. Il y a *mille* millimètres cubes dans un centimètre cube, *un million* dans un décimètre cube, et *un billion* dans un mètre cube.

45. D. *Quand le mètre cube est pris pour unité, comment s'interprètent les chiffres décimaux qui expriment des parties du mètre cube ?*

R. Le premier chiffre après la virgule, exprime, comme à l'ordinaire, des *dixièmes* du mètre cube *(des tranches)*; le second en exprime des *centièmes (des rangées)*; le troisième, des *millièmes (des décimètres cubes)*; le quatrième, des *dix millièmes ;* ainsi de suite. Mais si l'on veut énoncer les décimètres cubes, les centimètres cubes, etc., que les décimales représentent, les trois premiers chiffres décimaux indiquent des *décimètres cubes;* les trois suivans, des *centimètres cubes*, et les trois qui viendraient après, des *millimètres cubes.* On a par conséquent besoin de trois chiffres décimaux pour exprimer des décimètres cubes, de six pour représenter des centimètres cubes, et de neuf pour écrire des millimètres cubes.

46. D. *Ecrivez en chiffres* quatre-vingt-dix mètres cubes, quatre-vingt-neuf centimètres cubes.

R. Il me faut *neuf* chiffres décimaux ; ainsi j'écris 90 m cub., 000 000 089.

47. D. *Qu'est-ce qu'un* stère ?

R. C'est un mètre cube. On donne au mètre cube le nom de *stère*, quand on mesure du bois de chauffage et du bois de charpente.

48. D. *Faites-nous connaître les multiples et les subdivisions du stère.*

R. On n'emploie pas d'autre multiple que le *décastère*, qui vaut dix stères, ni d'autre subdivision que le *décistère* qui vaut un dixième de stère, ou une des tranches dont il est question dans la 41e. réponse.

49. D. *Qu'est-ce qu'un* litre, *et quelles sont les mesures qui en dérivent ?*

R. Un *litre* est la contenance d'un décimètre cube ou d'un vase cubique ayant *intérieurement* un décimètre de longueur, un décimètre de largeur et un décimètre de hauteur ; c'est l'unité principale adoptée pour les *mesures de capacité*. Les multiples du litre sont le *décalitre*, l'*hectolitre*, le *kilolitre*, et le *myrialitre*. Ce dernier multiple n'est pas employé comme mesure usuelle. Les subdivisions du litre sont le *décilitre*, le *centilitre* et le *millilitre* (centimètre cube).

50. D. *Pourquoi ces diverses mesures portent-elles le nom de* mesures de capacité ?

R. Parce qu'elles servent à mesurer les liquides, comme le vin, et les matières sèches, telles que les grains.

51. D. *Quelles sont les formes des mesures usuelles de capacité ?*

R. Elles ont toutes des formes cylindriques ; mais le diamètre est égal à la hauteur dans celles qui servent pour les matières sèches, et il est le double de la hauteur dans celles qui servent à mesurer les liquides.

52. D. *Combien de décalitres y a-t-il dans un mètre cube ?*

R. Puisque le litre est un décimètre cube, il y a *mille* litres, et par conséquent *cent* décalitres dans un mètre cube. On peut dire aussi que le mètre cube, compté en litres, se nomme *kilolitre*.

53. D. *Quel est le cube d'un* millilitre ?

R. Un millilitre est la même chose qu'un centimètre cube ; car l'un et l'autre sont la millième partie du décimètre cube.

54. D. *Quels seraient les noms du* décastère *et du* décistère *exprimés en* litres ?

R. Le mètre cube ou *stère* étant égal au kilolitre, un décastère se nommerait un *myrialitre*, et un décistère serait un *hectolitre.*

55. D. *Qu'est-ce qu'un* gramme?

R. C'est le poids d'un centimètre cube d'eau distillée, ramenée à son maximum de densité et pesée dans le le vide.

56. D. *Qu'entendez-vous par* eau distillée ?

R. De l'eau pure, c'est-à-dire, de l'eau qui ne contient ni air ni corps étrangers en dissolution. On l'obtient par la distillation.

57. D. *Qu'entendez-vous par un liquide ayant son* maximum *de densité ou la plus grande densité possible ?*

R. J'entends qu'il est pris lorsqu'un volume fixe de ce liquide a le plus grand poids, ou bien un poids fixe, le plus petit volume. Cela a lieu pour l'eau quand elle est à la température de 4° $\frac{1}{2}$ centigrades.

58. D. *Pourquoi a-t-on pesé dans le vide l'eau distillée ?*

R. Pour en connaître le poids rendu indépendant des variations de l'atmosphère.

59. D. *Quels sont les multiples et quelles sont les subdivisions du* gramme ?

R. Les multiples sont le *décagramme*, l'*hectogramme*, le *kilogramme*, le *myriagramme*, le *quintal métrique* ou poids de cent kilogrammes, et le *millier* ou *tonneau de mer* dont le poids est de mille kilogrammes. Les subdivisions sont le *décigramme*, le *centigramme* et le *milli-gramme*.

60. D. *Pourquoi a-t-on adopté pour l'unité principale des poids une quantité aussi petite que le gramme?*

R. Parce qu'on avait besoin de subdivisions très-petites pour peser des matières précieuses et des médicamens.

61. D. *Quel est le poids d'un litre d'eau pure?*

R. Un kilogramme, puisque le litre ou décimètre cube contient mille centimètres cubes. Il en résulte aussi qu'un mètre cube d'eau pure pèse *mille* kilogrammes, et que le *milligramme* est le poids d'un *millimètre cube* d'eau distillée.

62. D. *Comment le* franc *est-il dérivé du* mètre?

R. Le franc est une pièce d'argent monnayé qui pèse *cinq grammes;* ainsi le franc est déduit du mètre puisque le gramme en est déduit.

63. D. *Qu'est-ce que le* titre *des monnaies ou des matières d'or et d'argent.*

R. C'est la quantité ou fraction de métal pur en poids qui entre dans la totalité de l'alliage considérée comme unité.

64. D. *Quel est le titre des monnaies françaises d'or et d'argent?*

R. Ce titre est de *neuf-dixièmes de fin*, ce qui signifie $\frac{9}{10}$ de métal pur en poids et $\frac{1}{10}$ d'alliage.

65. D. *Qu'est-ce que le* module *d'une pièce de monnaie?*

R. C'est le diamètre de cette pièce exprimée en millimètres.

66. D. *Quelles sont les subdivisions du franc?*

R. Le *décime* ou dixième du franc et le *centime* ou centième du franc.

67. D. *Les multiples décimaux du franc ont-ils reçu des noms particuliers ?*

R. Non, car l'usage est de compter *en francs* une somme quelconque, et cet usage n'a pas d'inconvéniens.

68. D. *Quel nombre de pièces de* cinq *francs faut-il prendre pour avoir le poids d'un* kilogramme ?

R. Je dois former un poids de *mille* grammes, et chaque franc pèsera *cinq* grammes : il me faut donc $\frac{1000}{5}$ ou 200 francs; c'est-à-dire, 40 pièces de *cinq francs.*

69. D. *Quelle est la valeur de l'or comparée à celle de l'argent ?*

R. A poids égaux et à titre égal, l'or vaut quinze fois et demie (ou 15,5) autant que l'argent.

70. D. *Quelle est la valeur d'un kilogramme d'or monnayé?*

R. Un kilogramme d'argent monnayé vaut 200 fr. Je dois donc multiplier 200 francs par 15,5; et j'obtiens 3100 fr. pour la valeur d'un kilogramme d'or monnayé.

71. D. *Combien de pièces de 20 francs faut-il prendre pour avoir le poids d'un kilogramme ?*

R. Je dois former 3100 francs en pièces de vingt francs; c'est donc $\frac{3100}{20} = \frac{310}{2} =$ 155 pièces de vingt fr.

72. D. *Quelle serait la valeur d'un kilogramme d'argent pur, l'alliage étant supposé de nulle valeur ?*

R. Dans le kilogramme d'argent monnayé, il n'y a que 9 hectogrammes de métal pur qui valent 200 francs. Un seul hectogramme vaut neuf fois moins, ou $22^{f}222...$; et dix hectogrammes, qui font un kilogramme, valent dix fois $22^{f}\,222...$ ou $222^{f}\,22^{c}$.

73. D. *Quelle serait la valeur d'un kilogramme d'or pur ?*

R. Pour ne pas raisonner absolument comme dans la réponse précédente, je dirai : D'un kilogramme d'or monnayé valant 3100 f., je dois ôter l'alliage et le remplacer par un poids égal d'or pur ; j'augmenterai ainsi la

5

valeur primitive 3100 fr. du *neuvième* de cette valeur ou de 344f,444...; car il n'y avait d'abord que *neuf* parties de métal pur. Le kilogramme d'or pur vaut donc 3444f,44...

J'aurais pu prendre la valeur 222f, 2222... du kilogramme d'argent pur et la multiplier par 15,5, j'aurais obtenu également 3444f 44...

74. D. *L'or pesant 19 fois et $\frac{1}{4}$ autant que l'eau distillée, que vaudrait un décimètre cube d'or pur?*

R. Un décimètre cube d'eau pure, ou un litre pèserait 1 kilogramme; le décimètre cube d'or pur pèse donc 19 kilog., 25. Je dois en conséquence multiplier la valeur 3444f, 4444... d'un kilogramme d'or pur, par 19,25; et j'obtiens pour résultat 66305f 55c.

75. D. *Sachant qu'un mètre vaut en toise* 0tois., 513 *millièmes, trouver la valeur d'une toise en mètres avec trois décimales.*

R. J'écris 513 millièmes de toise valent 1 mètre.

1 millième de toise vaut $\frac{1}{513}$ de mèt.

1000 millièmes de toise ou une toise vaut $\frac{1000}{513}$ de mètre.

Effectuant la division de 1000 par 513, je trouve pour quotient 1,949. Donc

Une toise vaut 1m, 949 millimètres.

76. D. *Combien un kilomètre et un myriamètre valent-ils de toises?*

R. Puisque la valeur d'un mètre en toise est 0tois., 513, un kilomètre vaut 513 toises, et un myriamètre en vaut 5130 à moins d'une toise près.

77. D. *Combien* 1000 *toises valent-elles de mètres?*

R. Elles en valent 1949; car une toise vaut 1m,949.

78. D. *Combien* 63 *lieues de* 25 *au degré valent-elles de myriamètres?*

R. La terre a de tour 9000 lieues de 25 au degré; et elle a aussi 4000 myriamètres de tour. Donc 9000 lieues de 25 au degré valent 4000 myriamètres; ou bien 9 lieues valent 4 myriamètres; une lieue vaut $\frac{4}{9}$ de myriamètre, et 63 lieues valent $\frac{4}{9} \times 63$ ou 28 myriamètres.

79. D. *Ecrivez en chiffres* onze myriamètres, trois décamètres, soixante et quatorze millimètres, *le mètre étant l'unité.*

R. J'écris 110030^{m}, 074.

80. D. *Combien* 19 *hectares contiennent-ils de centiares?*

R. 19 hectares égalent 1900 ares et par conséquent 190 000 centiares ou mètres carrés.

81. D. *Ecrivez en chiffres* cinquante hectares, huit centiares, *l'are étant l'unité.*

R. J'écris 5000 ares, 08.

82. D. *Combien de centilitres y a-t-il dans* 17 *mètres cubes?*

R. Il y a 17 000 litres et par conséquent 1700000 centilitres.

83. D. *Combien de* millimètres cubes *faut-il pour former un* millilitre?

R. Le *millilitre* étant la millième partie du litre ou du décimètre cube est un *centimètre cube.* Or un centimètre cube contient *mille* millimètres cubes. Il faut donc 1000 millimètres cubes pour former un *millilitre.*

D. *Ecrivez en chiffres* cent myrialitres, huit hectolitres, quatre-vingt-seize millilitres, *le litre étant l'unité.*

R. J'écris 1000800 lit., 096.

85. D. *Combien d'hectolitres y a-t-il dans* huit millions *de centilitres?*

R. Le nombre 8 000 000 exprimant des centilitres équivaut à 800 hectolitres.

86. D. *Combien 7 mètres cubes d'eau pure pèsent-ils de myriagrammes?*

R. Un mètre cube d'eau pesant *mille* kilogrammes, les 7 mètres en pèsent 7000, ou 700 myriagrammes.

87. D. *Combien 1000 mètres cubes d'eau pure pèsent-ils de milligrammes?*

R. Ils pèsent un million de kilogrammes, et par conséquent un *billion* de grammes et un *trillion* de milligrammes.

88. D. *Evrivez en chiffres* quatre cents myriagrammes, huit hectogrammes, cinquante-trois grammes, soixante-dix-neuf milligrammes, *le* décagramme *étant l'unité.*

R..... 400 085décag., 3079.

89. D. *Quel serait le poids d'une pièce d'or monnayé de* 100 *francs?*

R. Puisque 3100 francs en or monnayé pèsent 1 kilogramme, 100 francs pèsent $\frac{1}{31}$ de kilogrammes, ou 32grammes, 258.

90. D. *Combien pèsent* 78,000 *fr. en argent monnayé et* 200,000*fr. en or également monnayé?*

R. Je divise 78000 par 200, poids d'un kilogramme d'argent monnayé, et je trouve que 78000 fr. en argent, pèsent 390 kilogrammes. — Ayant le poids de 100 fr. en or (n.° 89), poids qui est 0kilogr., 032258, je divise 200 000 par 100, et je multiplie 0kilogr., 032258 par le quotient 2000. Cela me donne 64kilogr., 516 pour le poids de 200 000 fr. en or monnayé. J'obtiendrais le même résultat en divisant 200 000 par 3100.

91. D. *Réduisez en mètres et en parties décimales du mètre,* 17tois., 4pieds, 8pouces, 9lignes?

R. Puisque la toise vaut 6 pieds, le pied 12 pouces, et le pouce 12 lignes, un pied est $\frac{1}{6}$ de toise, un pouce est $\frac{1}{72}$ de toise et une ligne est $\frac{1}{864}$ de toise. Or 4 pieds, 8 pouces, 9 lignes se réduisent à 681 lignes et par conséquent à $\frac{681}{864}$ de toise, fraction que l'on peut réduira à $\frac{227}{288}$, puis à 0toise, 7882 (plutôt que 0,7881). Le nombre proposé est donc, sans erreur sensible, la même chose que

17toises, 7882. Maintenant puisqu'une toise vaut 1m,949, je dois prendre ce dernier nombre 17 fois et 0,7882 de fois ; c'est-à-dire que je dois multiplier le multiplicande 1m,949 par 17,7882. J'obtiens ainsi pour le résultat demandé 34m,669, en ne conservant que trois décimales.

D. *Réduisez en hectares* 57 *arpens*, 18 *escats de Béarn.*

R. L'arpent de Béarn vaut très-approximativement 38 ares et il se subdivisait en 144 escats. Les 18 escats valent donc $\frac{18}{144}$ ou $\frac{1}{8}$ d'arpent. Ainsi le nombre proposé revient à 57arpens $\frac{1}{8}$, ou encore à 57arpens, 125. Je multiplie donc le multiplande 38 ares par 57,125; et j'ai pour le résultat demandé 21hectares, 71ares 75centiares.

93. D. *Exprimez* 57m,684 *en toises, pieds, pouces, lignes.*

R. Un mètre valant 0toises, 513, je multiplie le *multiplicande* 0t, 513 par le nombre *abstrait* 57,684 qui, dans la question, exprime le nombre des mètres à réduire en toises. J'obtiens, en ne conservant que quatre décimales, 29toises, 5919, nombre demandé, mais exprimé en toises et en *parties décimales de la toise*. Il reste à convertir la fraction décimale de toise 0t 5919 en pieds, pouces et lignes. Or, pour réduire des toises en pieds, on multiplie le *multiplicande* 6 *pieds* par le nombre abstrait qui, dans la question proposée, exprime la quantité de toises à réduire. Je multiplie donc 6 *pieds* par 0,5919, et j'obtiens 3 pieds, 5514. Jusqu'à présent j'ai 29toises 3pieds et 0,5514 de pied. Pour réduire des pieds en pouces, on doit multiplier le *multiplicande* 12 *pouces* par le nombre qui indique la quantité de pieds à réduire, nombre qui devient *abstrait* par l'opération. Je multiplie donc 12 *pouces* par 0,5514 et je trouve 6pouces, 6168. J'ai maintenant obtenu pour l'expression cherchée 29toises 3pieds 6pouces et 0,6168 de pouce, fraction décimale de pouce qui reste encore à réduire en lignes. Dans cet objet, je dois multiplier le *multiplicande* 12 *lignes* par le nombre abstrait 0,6168 qui exprime la quantité (fractionnaire) de pouces à réduire ; et je trouve 7lignes, 4016 ou 7 lignes $\frac{2}{5}$. Le résultat définitif est donc enfin 29 toises, 3 pieds, 6 pouces, 7 lignes $\frac{2}{5}$. (1)

94. D. *Si vous connaissez le prix d'une aune de Pau, comment en conclurez-vous le prix du mètre ; et réciproquement, si vous avez le prix du mètre, comment trouverez-vous celui de l'aune.*

R. Je sais que 25 aunes font 29 mètres ; un mètre vaut donc $\frac{25}{29}$ d'aune ; c'est pourquoi je multiplierai le prix de l'aune par $\frac{25}{29}$ ou par la fraction décimale équivalente 0,8616 ; et le résultat sera le prix du mètre. Si au contraire le prix du mètre est connu et qu'on veuille avoir celui de l'aune, je multiplierai le prix connu du mètre par $\frac{29}{25}$, ou par le nombre décimal équivalent 1,16 ; le produit sera le prix de l'aune.

95. D. *Ayant le prix de la livre poids de marc, trouver le prix du kilogramme, et réciproquement, connaissant le prix du kilogramme, en conclure le prix de la livre.*

R. 143 livres poids de marc font 70 kilogrammes ; d'où un kilogramme vaut $\frac{143}{70}$ livres. Je multiplierai donc le prix de la livre par $\frac{143}{70}$ ou par 2,0429 et j'obtiendrai ainsi le prix du kilogramme. Réciproquement si j'ai le prix du kilogramme, je le multiplierai par $\frac{70}{143}$ ou par 0,4895 (et le plus souvent par 0,49), et j'aurai le prix de la livre poids de marc.

Nota. Ce qui vient d'être dit dans les deux réponses précédentes est applicable à tous les autres rapports de mesures qui ont été donnés dans l'instruction.

---

(1) Les explications que contient cette réponse ont pour but principal de faire distinguer le *multiplicande* du *multiplicateur*, parce que cette distinction est essentielle pour l'interprétation exacte des résultats. Rien n'empêche, d'ailleurs, dans les calculs, de multiplier le *multiplicateur* par l'autre *facteur*, pourvu qu'on se rappelle lequel des deux facteurs est le multiplicande, et par conséquent de quelle espèce doivent être les unités du produit.

POIDS ET MESURES.

LOI DU 4 JUILLET 1837. — Promulguée le 8 juillet.

LOUIS-PHILIPPE, Roi des Français, à tous présens et à venir, Salut.

Nous avons proposé, les Chambres ont adopté, nous avons ordonné et ordonnons ce qui suit :

Art. 1.er — Le décret du 12 février 1812, concernant les Poids et mesures, est et demeure abrogé.

Art. 2. — Néanmoins, l'usage des instrumens de pesage et de mesurage, confectionnés en exécution des articles 2 et 3 du décret précité, sera permis jusqu'au 1.er janvier 1840.

Art. 3. — A partir du 1.er janvier 1840, tous Poids et Mesures, autres que les Poids et Mesures établis par les lois des 18 germinal an III et 19 frimaire, an VIII, constitutives du système métrique décimal, seront interdits sous les peines portées par l'article 479 du Code pénal.

Art. 4. — Ceux qui auront des Poids et Mesures, autres que les Poids et Mesures ci-dessus reconnus, dans leurs magasins, boutiques, ateliers ou maisons de commerce, ou dans les halles, foires ou marchés, seront punis comme ceux qui les emploieront, conformément à l'article 479 du Code pénal.

Art. 5. — A compter de la même époque, toutes dénominations de Poids et mesures, autres que celles portées dans le tableau annexé à la présente loi, et établies par la loi du 18 germinal an III, sont interdites dans les actes publics ainsi que dans les affiches et les annonces.

Elles sont également interdites dans les actes sous seing-privé, les registres de commerce et autres écritures privées produits en justice.

Les officiers publics contrevenans seront passibles d'une amende de vingt francs, qui sera recouvrée sur contrainte comme en matière d'enregistrement.

L'amende sera de dix francs pour les autres contrevenans ; elle sera perçue pour chaque acte ou écriture sous signature privée ; quant aux registres de commerce, ils ne donneront lieu qu'à une seule amende pour chaque contestation dans laquelle ils seront produits.

Art. 6. — Il est défendu aux juges et arbitres de rendre aucun jugement ou décision en faveur des particuliers sur des actes, registres ou écrits dans lesquels les dénominations interdites par l'article précédent auraient été insérées, avant que les amendes encourues aux termes dudit article aient été payées.

Art. 7. — Les vérificateurs des Poids et Mesures constateront les contraventions prévues par les lois et réglemens concernant le système métrique des Poids et Mesures.

Ils pourront procéder à la saisie des instrumens de pesage et de mesurage dont l'usage est interdit par lesdites lois et réglemens.

Leurs procés-verbaux feront foi en justice jusqu'à preuve contraire.

Les vérificateurs préteront serment devant le tribunal d'arrondissement.

Art. 8. — Une ordonnance royale réglera la manière dont s'effectuera la vérification des Poids et Mesures.

La présente loi discutée, délibérée et adoptée par la Chambre des Pairs et par celle des Députés, et sanctionnée par nous ce jourd'hui, sera exécutée comme loi de l'Etat.

Donnons en mandement à nos Cours et Tribunaux, Préfets, Corps administratifs, et tous autres, que les présentes ils gardent et maintiennent, fassent garder, observer et maintenir, et, pour les rendre plus notoires à tous, ils les fassent publier et enregistrer partout où besoin sera : et afin que ce soit chose ferme et stable à toujours, nous y avons fait mettre notre sceau.

Fait au palais des Tuileries, le 4.me jour du mois de juillet, l'an mil huit cent trente-sept.

Signé, LOUIS-PHILIPPE.

Par le Roi :

Le Ministre secrétaire d'Etat au département des Travaux publics, de l'Agriculture et du Commerce,

Signé, N. MARTIN (du Nord).

Vu et scellé du grand sceau :

Le Garde des sceaux de France, ministre secrétaire d'état au département de la juitisce et des cultes,

Signé, BARTHE.

TABLEAU des mesures légales.

(Loi du 18 Germinal an III.)

NOMS SYSTÉMATIQUES.	VALEUR.
Mesures de longueur.	
Myriamètre...............	Dix mille mètres.
Kilomètre	Mille mètres.
Hectomètre	Cent mètres.
Décamètre...............	Dix mètres.
MÈTRE.	*Unité fondamentale des poids et mesures* (1) (dix millionnième partie du quart du méridien terrestre).
Décimètre	Dixième du mètre.
Centimètre	Centième du mètre.
Millimètre	Millième du mètre.
Mesures agraires.	
Hectare	Cent ares ou dix mille mètres carrés.
Are	Cent mètres carrés, carré de dix mètres de côté.
Centiare.................	Centième de l'are, ou mètre carré.
Mesures de capacité pour les liquides et les matières sèches.	
Kilolitre.................	Mille litres.
Hectolitre...............	Cent litres.
Décalitre................	Dix litres.
Litre....................	Décimètre cube.
Décilitre................	Dixième du litre.

(1) L'étalon prototype en platine, déposé aux archives le 4 Messidor an VII, donne la longueur légale du mètre quand il est à la température zéro.

NOMS SYSTÉMATIQUES.	VALEUR.
Mesures de solidité.	
Décastère..................	Dix stères.
STÈRE.......................	Mètre cube.
Décistère..................	Dixième de stère.
Poids.	
....	Mille kilogrammes, poids du mètre cube d'eau et du tonneau de mer.
....	Cent kilogrammes, quintal métrique.
KILOGRAMME..............	Mille grammes, poids dans le vide d'un décimètre cube d'eau distillée à la température de quatre degrés centigrades. (1)
Hectogramme.............	Cent grammes.
Décagramme.............	Dix grammes.
GRAMME..................	Poids d'un centimètre cube d'eau à quatre degrés centigrades.
Décigramme..............	Dixième du gramme.
Centigramme.............	Centième du gramme.
Milligramme..............	Millième du gramme.
Monnaie.	
FRANC....................	Cinq grammes d'argent au titre de neuf-dixièmes de fin.
Décime....................	Dixième du franc.
Centime...................	Centième du franc.

Conformément à la disposition de la loi du 18 Germinal an III, concernant les poids et les mesures de capacité, chacune des mesures décimales de ces deux genres a son double et sa moitié.

CODE PÉNAL.

ART. 65. Nul crime ou délit ne peut être excusé, ni la peine mitigée, que dans les cas et dans les circonstances où la loi déclare le fait excusable, ou permet de lui appliquer une peine moins rigoureuse.

ART. 423. Quiconque aura trompé l'acheteur sur le titre de matières d'or ou d'argent, sur la qualité d'une pierre fausse vendue

(1) L'étalon prototype en platine, déposé aux archives le 4 messidor an VII, donne, dans le vide, le poids légal du kilogramme.

pour fine, sur la nature de toutes marchandises; quiconque, par usage de faux poids ou de fausses mesures, aura trompé sur la quantité des choses vendues, sera puni de l'emprisonnement pendant trois mois au moins, un an au plus, et d'une amende qui ne pourra excéder le quart des restitutions et dommages-intérêts, ni être au-dessous de cinquante francs.

Les objets du délit, ou leur valeur, s'ils appartiennent encore au vendeur, seront confisqués; les faux poids et les fausses mesures seront aussi confisqués, et de plus seront brisés.

Art. 424. Si le vendeur et l'acheteur se sont servis, dans leurs marchés, d'autres poids ou d'autres mesures que ceux qui sont établis par les lois de l'Etat, l'acheteur sera privé de toute action contre le vendeur qui l'aura trompé par l'usage de poids et de mesures prohibés; sans préjudice de l'action publique pour la punition tant de cette fraude que de l'emploi même des poids et des mesures prohibées. La peine, en cas de fraude, sera celle portée par l'article précédent.

La peine pour l'emploi des mesures et poids prohibés, sera déterminé par le titre IV du présent Code, contenant les peines de simple police (art. 479, 481).

Art. 463. Dans tous les cas où la peine d'emprisonnement est portée par le présent Code, si le préjudice causé n'excède pas vingt-cinq francs, et si les circonstances paraissent atténuantes, les tribunaux sont autorisés à réduire l'emprisonnement même au-dessous de six jours, et l'amende même au-dessous de seize francs. Ils pourront aussi prononcer séparément l'une ou l'autre de ces peines, sans qu'en aucun cas elle puisse être au-dessous des peines de simple police.

Art. 479. Seront punis d'une amende de onze à quinze francs inclusivement :

5° Ceux qui auront de faux poids ou de fausses mesures dans leurs magasins, boutiques, ateliers ou maisons de commerce, ou dans les halles, foires ou marchés, sans préjudice des peines qui seront prononcées par les tribunaux de police correctionnelle contre ceux qui auraient fait usage de ces faux poids ou de ces fausses mesures (voir l'art. 423);

6° Ceux qui emploieront des poids ou des mesures différents de ceux qui sont établis par les lois en vigueur.

Art. 480. Pourra, selon les circonstances, être prononcée la peine d'emprisonnement pendant cinq jour au plus :

2° Contre les possesseurs de faux poids et de fausses mesures;

3° Contre ceux qui emploieront des poids ou des mesures différens de ceux que la loi en vigueur a établis.

Art. 481. Seront, de plus, saisis et confisqués, 1° les faux poids, les fausses mesures, ainsi que les poids et les mesures différens de ceux que la loi a établis.

Art. 482. La peine d'emprisonnement pendant cinq jours aura toujours lieu, pour récidive, contre les personnes et dans les cas mentionnés en l'article 479.

Nomenclature des délits et contraventions en matière de Poids et mesures.

I. Usage de faux poids et mesures.	Les anciennes mesures sont réputées fausses et illégales : les balances sont assimillées aux poids, qui seraient vainement exacts, si elles étaient fausses. Les peines applicables à cette infraction, sont les articles 423 et 424 du Code pénal.
II. Possession des mêmes instrumens dans les magasins, boutiques, ateliers, maisons de commerce, halles, foires et marchés.	D'aprés la jurisprudence de la Cour de cassation, les poids et mesures réputés faux doivent être confisqués, quand même ils ne seraient pas trouvés dans une boutique ou magasin : les articles 479, n. 5, 480, n. 3, 481, 482 et 483, du Code pénal, sont applicables à cette infraction.
III. Emploi de mesures ou de poids différens de ceux établis par les lois en vigueur.	Les instrumens non revêtus des marques de leur légalité, sont de ce nombre, et sans acception de personnes ou de lieux : l'article 5 de l'ordonnance royale du 21 Décembre 1822 n'admet point d'exception. L'article 479 du Code pénal est applicable à cette contravention.
IV. Infractions aux réglemens de l'autorité administrative sur la matière.	Les infractions qui ne sont pas nommément prévues par le Code, ou par des lois spéciales et décrets ayant force de loi, telles que les dispositions générales et locales pour assurer la fidélité du débit des denrées et des marchandises, sont punissables en vertu de l'article 471, n. 15, du Code pénal.

FIN.

LIBRAIRIE DE VERONESE.

Tableaux du système légal des poids et mesures, 12 feuilles. — Histoire sainte, manuscrite en cahiers. — Histoire naturelle, manuscrite en cahiers. — Larroque, entretiens sur la Physique, la Chimie, etc. — Simon de Nantua. — M.e Pierre, ou le Savant de Village. — Cartes écrites et muettes. — Cours méthodique de dessin linéaire et géométrie usuelle, planches et manuel. — Le dessin linéaire des demoiselles, planches et manuel. — Modèles d'écriture. — Tableaux de grammaire, d'arithmétique. — Dictionnaires de l'Académie, — de Noël et Chapsal, — de N. Landais, — de Ch. Nodier, — de Boiste, — de Soulice. — Dictionnaire des ménages. — Manuel des routes et des chemins vicinaux. — Nouveau manuel ou style des huissiers. — Manuel des experts. — Manuel des arbitres. — Manuel des aspirans aux brevets de capacité pour l'enseignement primaire. — Manuel des aspirantes. — Catéchisme du diocèse. — Paroissien à l'usage du diocèse de Bayonne.

On trouve à la librairie de VERONESE, imprimeur-libraire, Cours Bayard, 1, seul dépositaire à Pau de la maison HACHETTE, libraire de l'Université royale de France, tous les ouvrages approuvés pour l'Instruction primaire, élémentaire et supérieure. — Un dépôt des Classiques français de la maison DIDOT, de Paris, y est également établi. — On y trouve tout le matériel nécessaire aux Ecoles primaires et supérieures; instrumens pour l'étude du dessin linéaire; instrumens pour l'arpentage, le lever des plans, les mathématiques, etc., etc.

www.ingramcontent.com/pod-product-compliance
Ingram Content Group UK Ltd.
Pitfield, Milton Keynes, MK11 3LW, UK
UKHW020952180726
13838UKWH00003B/1281

9 782329 340654